建筑暖通工程与安装技术探究

郝义凯 张鹏颖 邵连雨 ◎著

中国出版集团
中 译 出 版 社

图书在版编目（CIP）数据

建筑暖通工程与安装技术探究 / 郝义凯，张鹏颖，邵连雨著. -- 北京 : 中译出版社，2024.2
ISBN 978-7-5001-7782-1

Ⅰ. ①建… Ⅱ. ①郝… ②张… ③邵… Ⅲ. ①房屋建筑设备－采暖设备－工程施工－研究②房屋建筑设备－通风设备－工程施工－研究 Ⅳ. ①TU83

中国国家版本馆CIP数据核字(2024)第052127号

建筑暖通工程与安装技术探究
JIANZHU NUANTONG GONGCHENG YU ANZHUANG JISHU TANJIU

著　　者：郝义凯　张鹏颖　邵连雨
策划编辑：于　宇
责任编辑：于　宇
文字编辑：田玉肖
营销编辑：马　萱　钟筱童
出版发行：中译出版社
地　　址：北京市西城区新街口外大街28号102号楼4层
电　　话：（010）68002494（编辑部）
邮　　编：100088
电子邮箱：book@ctph.com.cn
网　　址：http://www.ctph.com.cn

印　　刷：北京四海锦诚印刷技术有限公司
经　　销：新华书店
规　　格：787 mm × 1092 mm　1/16
印　　张：12.75
字　　数：243千字
版　　次：2024年2月第1版
印　　次：2024年2月第1次印刷

ISBN 978-7-5001-7782-1　　　定价：68.00元

前　言

随着我国经济的不断发展和进步，我国社会和生活各方面都取得了很大的提高和改善，我国建筑行业也得到了很大的进步和发展。人们收入水平提高后，对于住房的需求以及质量、服务要求也越来越高，所以，我国的建筑行业在飞快发展，越来越多的高楼建筑拔地而起。为了更好地满足广大人民的需求，这些新建立的建筑都安装了暖通设备。建筑的暖通工程安装是否到位、是否合理，与建筑质量的提升具有很大的关系，并且与建筑物价值的实现也有关联。因此，我们需要不断提升我国建筑暖通工程安装技术，要不断地改进我国建筑暖通工程安装技术，从各个方面进行分析，从而更好地构建建筑的暖通系统，为建筑更好地实现其价值提供更加优越的条件。

本书探究了建筑暖通工程与安装技术，在阐述暖通空调基本参数与负荷的基础上，结合具体类型建筑特点，分析了建筑适用的供暖系统与通风系统，并对暖通空调施工安装基础与暖通空调附属设备进行了研究，重点论述了供暖工程施工、室内给排水施工、通风空调工程施工的安装技术。本书既可作为院校建筑环境与能源应用工程、建筑学、城市规划、工业与民用建筑工程、给排水科学与工程的教学参考书，也可作为对暖通空调技术感兴趣的专业技术人员及相关工作者的参考资料及培训书籍。

虽然作者尽了自己最大的努力，但是由于水平有限，加上编写时间仓促，选材与撰写如有不足之处，恳请广大读者和专家予以批评和指正，以臻完善。

作　者

2023 年 9 月

目　录

第一章　暖通空调基本参数与负荷

第一节　室内外参数与供暖热负荷

一、室内外计算参数

（一）人体热舒适

1. 热感觉与热舒适

随着人们健康舒适意识的加强，越来越多的人开始追求舒适的室内环境。良好的室内热环境对人体的健康以及舒适感和工作效率都会产生积极有利的影响。人的热感觉和舒适感不能视为同一概念，舒适感具有更广泛的含义，除了与空气温度、湿度相关外，还与气流速度、室内空气品质密切相关，而热感觉在舒适感中无疑起着举足轻重的作用。

热感觉是人对周围环境是“冷”还是“热”的主观描述。尽管人们常评价房间的“冷”和“暖”，但实际上人是不能直接感觉到环境的温度的，只能感觉到位于皮肤表面下的神经末梢的温度。

裸身人体安静时在29℃的气温中，代谢率最低，如适当着衣，则在气温为18~25℃的情况下代谢率低而平稳。在这些情况下，人体不发汗，也无寒意，仅靠皮肤血管口径的轻度改变，即可使人体产热量和散热量平衡，从而维持体温稳定。此时，人体用于体温调节所消耗的能量最少，人感到不冷不热，这种热感觉称为“中性”状态。

热感觉并不仅仅是由冷热刺激的存在造成的，而与刺激的延续时间及人体原有的热状态都有关。人体的冷、热感受器均对环境有显著的适应性。把一只手放在温水盆中，除了皮肤温度以外，人体的核心温度对热感觉也有影响。例如，一个坐在37℃浴盆中的人可以维持恒定的皮肤温度，但核心温度不断上升，因为他身体的产热散不出去。如果他的初始体温比较低，开始他感受的是中性温度，随着核心温度的上升，他将感到暖和，最后感到燥热。因此，热感觉最初取决于皮肤温度，然后取决于核心温度。当环境温度迅速变化时，热感觉的变化比体温的变化要快得多。

人体将自身的热平衡条件和感觉到的环境状况综合起来获得是否舒适的感觉。舒适的感觉是生理和心理上的。“热舒适”指的是人体处于不冷不热的“中性”状态，即认为“中性”的热感觉就是热舒适。

热舒适是指大多数人对客观热环境从生理与心理方面都达到满意的状态。可以从以下三方面分析某一热环境是否舒适。

①物理方面：根据人体活动所产生的热量与外界环境作用下人体得失热量之间的热平衡关系，分析环境对人体舒适的影响及满足人体舒适的条件。

②生理方面：研究人体对冷热应力的生理反应，如皮肤温度、皮肤湿度、排汗率、血压、体温等并利用生理反应区分环境的舒适程度。

③心理方面：分析人在热环境中的主观感觉，用心理学方法区分环境的冷热与舒适程度。

2. 影响热舒适的其他因素

除了皮肤温度和核心温度以外，还有一些其他的物理因素会影响热舒适。

（1）空气湿度

在某个偏热的环境中人体需要出汗来维持热平衡，空气湿度的增加并不能改变出汗量，但能改变皮肤的湿润度。因为此时只要皮肤没有完全湿润，空气湿度的增加就不会减少人体的实际散热量而造成热不平衡，人体的核心温度不会上升，所以在代谢率一定的情况下排汗量不会增加。但由于人体单位表面积蒸发的换热量下降会导致蒸发换热的表面积增大，就会增加人体的湿表面积。皮肤湿润度的定义是皮肤的实际蒸发量与同一环境中皮肤完全湿润而可能产生的最大蒸发散热量之比，相当于湿皮肤表面积所占人体皮肤表面积的比例。这一皮肤湿润度的增加被感受为皮肤的“黏着性”增加，从而增加了热不舒适感，潮湿的环境令人感到不舒适的主要原因就是皮肤的“黏着性”增加了。

（2）温度梯度

由于空气的自然对流作用，很多空间均存在上部温度高、下部温度低的状况。一些研究者对垂直温度变化对人体热感觉的影响进行了研究。虽然受试者处于热中性状态，但如果头部周围的温度比踝部周围的温度高得越多，感觉不舒适的人就越多。地板的温度过高或过低同样会引起居住者的不满。居住者足部寒冷往往是由全身处于寒冷状态导致末梢循环不良造成的，但地板温度低会使赤足的人感到脚部寒冷。因此，地板的材料是重要的，比如地毯会给人温暖的足部感觉，而石材地面会给人较凉的足部感觉。地板为混凝土地板覆盖面层，所谓舒适的地面温度即赤足站在地板上不满意的抱怨比例低于15%时的地板温度。但过热的地板温度同样会引起不适。

（3）吹风感

吹风感是最常见的不满意问题之一，吹风感的一般定义为人体所不希望的局部降温。

吹风对某个处于“中性热”状态下的人来说是愉快的。此外，寒冷时冷战的出现也是使人感到不愉快的原因。

（4）个体因素

还有一些因素普遍被人们认为会影响人的热舒适感，例如年龄、性别、季节、人种等。很多研究者对这些因素进行了研究，但结论与人们的一般看法是不一致的。年龄对热舒适没有显著影响，老年人代谢率低的影响被蒸发散热率低所抵消。老年人往往比年轻人喜欢较高室温的现象的一种解释是因为他们的活动量小。

另外一些对不同性别的对比实验发现，在同样条件下，男女之间对环境温度的好恶没有显著差别。

（5）时间季节

人不可能由于适应而喜欢更暖或更凉的环境，因此季节就不会改变人的热舒适感。

人体一天中有内部体温的节律波动，下午最高，早晨最低，所以从逻辑上很容易做出一天中热舒适是有可能变化的判断。人体一天中对环境温度的喜好没有明显变化，只是在午餐前喜欢稍暖一些的倾向。

3. 热舒适评价

热舒适的评价指标包括卡塔冷却能力、当量温度、有效温度、新有效温度、标准有效温度、平均预测反应、舒适方程和主观温度等。这些指标从不同侧面反映人体对热环境的感觉，其适用条件也有所不同。其中新有效温度、舒适方程和平均预测反应应用较为普遍。

（二）室内空气计算参数

室内空气计算参数的选择主要取决于以下几方面。

1. 建筑房间使用功能对舒适性的要求

影响人舒适感的主要因素有室内空气的温度、湿度，室内各表面的温度和空气流动速度，还有衣着情况、空气新鲜程度等。

2. 地区、冷热源情况、经济条件和节能要求等因素

根据《工业建筑供暖通风与空气调节设计规范》GB 50019—2015（以下简称《规范》）规定，舒适性空调室内计算参数如表 1-1、表 1-2、表 1-3 所示：

表 1-1　空调室内计算参数

参数	夏季	冬季
温度/℃	22～28	18～24
相对湿度/%	40～65	30～60
风速/（m/s）	0.3	0.2

表 1-2 供暖室内计算参数

建筑	区域	温度/℃
民用建筑	主要房间	16~24
工业建筑	轻作业	18~21
	中作业	16~18
	重作业	14~16
	过重作业	12~14
辅助建筑及辅助用房	浴室	不应低于 25
	更衣室	不应低于 25
	办公室、休息室	不应低于 18
	食堂	不应低于 18
	洗漱室、厕所	不应低于 12

①舒适性空气调节室内计算参数应符合表 1-3 的规定。

表 1-3 舒适性空气调节室内计算参数

参数	冬季	夏季
温度/℃	18~24	22~28
风速/（m/s）	≤0.2	≤0.3
相对湿度/%	30~60	40~65

②工艺性空气调节室内温度湿度基数及其允许波动范围，应根据工艺需要及卫生要求确定。活动区的风速：冬季不宜大于 0.3m/s，夏季宜为 0.2~0.5m/s。

《规范》中给出的数据是概括性的。对具体的民用和公共建筑而言，由于建筑房间的使用功能各不相同，其室内计算参数也会有较大的差异。我国有关部门还制定了某些特殊建筑的设计标准或卫生标准，规定了室内设计参数。设计手册中也推荐了各种建筑的室内计算参数，它们之间并不完全一致。对于工艺性空调，应根据工艺要求来确定室内空气计算参数。

（三）室外计算参数

室外空气计算参数是指《规范》中所规定的用于供暖通风与空调设计计算的室外气象参数。

室外空气计算参数取值的大小，将会直接影响热、冷负荷的大小和暖通空调费用。因此，《规范》中规定的室外空气计算参数是按照允许全年有少数时间出现达不到室内温湿度要求的原则确定的。若室内温湿度必须全年保证时，必须另行确定。

在暖通空调设计中，应根据不同负荷的计算，按照现行《规范》选用不同的室外空气计算参数。室外空气计算参数主要有以下几项。

1. 夏季空调室外计算干、湿球温度

《规范》规定，夏季空调室外计算干球温度取夏季室外空气历年平均不保证 50h 的干球温度；夏季空调室外计算湿球温度取室外空气历年平均不保证 50h 的湿球温度。这 2 个参数用于计算夏季新风冷负荷。

2. 夏季空调室外计算日平均温度和逐时温度

夏季计算经建筑围护结构传入室内的热量时，应按照不稳定传热过程计算。因此，必须已知夏季空调设计日的室外空气日平均温度和逐时温度。

夏季空调室外计算逐时温度（t_{τ}），按照下式确定：

$$t_{\tau} = t_{0.m} + \beta \Delta t_{d} \tag{1-1}$$

式中：$t_{o.m}$ ——夏季空调室外计算日平均温度，《规范》规定取历年平均不保证 5 天的日平均温度，℃；

β ——室外空气温度逐时变化系数；

Δt_{d} ——夏季空调室外计算平均日较差，℃，按照下式计算：

$$\Delta t_{d} = \frac{t_{o.s} - t_{o.m}}{0.52} \tag{1-2}$$

式中：$t_{o.s}$ ——夏季空调室外计算干球温度，℃。

3. 冬季空调室外计算温度、相对湿度

冬季空调供暖时，计算建筑围护结构的热负荷和新风热负荷均应采用冬季空调室外计算温度。

《规范》规定采用历年平均不保证 1 天的日平均温度作为冬季空调室外计算温度；采用累年最冷月平均相对湿度作为冬季空调室外计算相对湿度。

4. 供暖室外计算温度和冬季通风室外计算温度

《规范》规定供暖室外计算温度取冬季历年平均不保证 5 天的日平均温度；冬季通风室外计算温度取累年最冷月平均温度。供暖室外计算温度用于建筑物供暖系统供暖时计算围护结构的热负荷，以及用于计算消除有害污染物通风的进风热负荷。冬季通风室外计算温度用于计算全面通风的进风热负荷。

5. 夏季通风室外计算温度和夏季通风室外计算相对湿度

《规范》规定夏季通风室外计算温度取历年最热月 14 时的月平均温度的平均值；夏季通风室外计算相对湿度取历年最热月 14 时的月平均相对湿度的平均值。这 2 个参数用于消除余热余湿的通风及自然通风中的计算；当通风的进风需要进行冷却处理时，其进风冷负荷计算也采用这 2 个参数。

二、供暖热负荷

人们为了生产和生活，要求室内保证一定的温度。一个建筑物或房间可有各种得热和散失热量的途径。当建筑物或房间的失热量大于得热量时，为了保持室内在要求温度下的热平衡，需要由供暖通风系统补进热量，以保证室内要求的温度。供暖系统通常利用散热器向房间散热，通风系统送入高于室内要求温度的空气主要有两方面的作用：一方面，向房间不断地补充新鲜空气；另一方面，也为房间提供热量。

供暖系统的热负荷是指在某一室外温度 t_w 下，为了达到要求的室内温度，供暖系统在单位时间内向建筑物供给的热量。它随着建筑物得失热量的变化而变化。

（一）供暖热负荷组成

供暖系统的设计热负荷，是指在设计室外温度 t_w' 下，为达到要求的室内温度 t_n，供暖系统在单位时间内向建筑物供给的热量 Q'。它是设计供暖系统的最基本依据。冬季供暖通风系统的热负荷，应根据建筑物或房间的得失热量确定。失热量有以下 6 个。

①围护结构传热耗热量 Q_1；

②加热由门、窗缝隙渗入室内的冷空气的耗热量 Q_2，称冷风渗透耗热量；

③加热由门、孔洞及相邻房间侵入的冷空气的耗热量 Q_3，称冷风侵入耗热量；

④水分蒸发的耗热量 Q_4；

⑤加热由外部运入的冷物料和运输工具的耗热量 Q_5；

⑥通风耗热量。通风系统将空气从室内排到室外所带走的热量 Q_6。

得热量有以下 4 个。

①生产车间最小负荷班的工艺设备散热量 Q_7；

②非供暖通风系统的其他管道和热表面的散热量 Q_8；

③热物料的散热量 Q_9；

④太阳辐射进入室内的热量 Q_{10}。

此外，还会有通过其他途径散失或获得的热量 Q。

对于没有由生产工艺带来得失热量而需设置通风系统的建筑物或房间（如一般的民用住宅建筑、办公楼等），建筑物或房间的热平衡就简单多了。失热量 Q_{sh} 只考虑上述的前三项耗热量；得热量 Q_d 只考虑太阳辐射进入室内的热量；至于住宅中其他途径的得热量，如人体散热量、炊事和照明散热量（统称为自由热），一般散热量不大，且不稳定，通常可不予计入。

因此，对于没有装置机械通风系统的建筑物，供暖系统的设计热负荷可用下式表示：

$$Q' = Q_{sh}' - Q_d' = Q_1' + Q_2' + Q_3' - Q_{10}' \quad (1-3)$$

式中带“ ′ ”的上标符号均表示在设计工况下的各种参数。

围护结构的传热耗热量是指当室内温度高于室外温度时，通过围护结构向外传递的热量。在工程设计中，计算供暖系统的设计热负荷时，常把它分成围护结构传热的基本耗热量和附加（修正）耗热量两部分进行计算。基本耗热量是指在设计条件下，通过房间各部分围护结构（门、窗、墙、地板、屋顶等）从室内传到室外的稳定传热量的总和。附加（修正）耗热量是指围护结构的传热状况发生变化而对基本耗热量进行修正的耗热量。附加（修正）耗热量包括风力附加、高度附加和朝向修正等耗热量。朝向修正是考虑围护结构的朝向不同，太阳辐射热量不同而对基本耗热量进行的修正。

因此，在工程设计中，供暖系统的设计热负荷，一般可分几部分进行计算。

$$Q' = Q_{1.j}' + Q_{1.x}' + Q_2' + Q_3' \quad (1-4)$$

式中：$Q_{1.j}'$——围护结构的基本耗热量；

$Q_{1.x}'$——围护结构的附加（修正）耗热量。

计算围护结构附加（修正）耗热量时，太阳辐射热量可用减去一部分基本耗热量的方法列入，而风力和高度影响用增加一部分基本耗热量的方法进行附加。式中前两项表示通过围护结构计算的耗热量，后两项表示室内通风换气所耗的热量。

对具有供暖及通风系统的建筑（如工业厂房和公共建筑等），供暖及通风系统的设计热负荷，需要根据生产工艺设备使用或建筑物的使用情况，通过得失热量的热平衡和通风的空气量平衡综合考虑才能确定。

（二）供暖热负荷指标

街区热水供热管网设计时，供暖热负荷宜采用经核实后的建筑物设计热负荷。当设计较大热力网时，得不到所有建筑物供暖设计热负荷，可根据不同建筑物的供暖热指标及该指标建筑物所占的比例来计算供暖热负荷，可以按照下式计算：

供暖热负荷：

$$Q_h = q_h \cdot A_c \times 10^{-3} \quad (1-5)$$

式中：Q_h——供暖设计热负荷，kW；

q_h——供暖综合热指标，W/m²，可按照表 1-4 中取用，按照取用热指标及该热指标建筑物面积在总建筑物面积中所占的比例分别计算，然后相加即为综合热指标；

A_c——供暖建筑物的总面积，m²。

表 1-4 供暖热指标

建筑类别	供暖热指标 q_h	
	未采取节能措施/（W/m^2）	采取节能措施/（W/m^2）
住宅	58~64	40~45
居住区综合	60~67	45~55
学校、办公	60~80	50~70
医院、托幼	65~80	55~70
商店	65~80	55~70

第二节 空调热负荷、冷负荷、湿负荷

一、空调热负荷、冷负荷、湿负荷概述

为了保持建筑物的热湿环境，在单位时间内必须向房间供应的冷量称为冷负荷；相反，为了补偿房间失热，在单位时间内必须向房间供应的热量称为热负荷；为了维持房间相对湿度，在单位时间内必须从房间除去的湿量称为湿负荷。

热负荷、冷负荷与湿负荷是暖通空调工程设计的基本依据，暖通空调设备容量的大小主要取决于热负荷、冷负荷与湿负荷的大小。

热负荷、冷负荷与湿负荷的计算以室外气象参数和室内要求保持的空气参数为依据。

（一）冬季建筑的热负荷

建筑物冬季供暖通风设计的热负荷在《规范》中明确规定应根据建筑物散失和获得的热量确定。对于民用建筑，冬季热负荷包括两项：围护结构的耗热量和由门窗缝隙渗入室内的冷空气耗热量。对于生产车间还应包括由外面运入的冷物料及运输工具的耗热量，水分蒸发耗热量，并应考虑因车间内设备散热、热物料散热等获得的热量。

1. 围护结构的耗热量

《规范》中所规定的“围护结构的耗热量”实质上是围护结构的温差传热量、加热由于外门短时间开启而侵入的冷空气的耗热量及一部分太阳辐射热量的代数和。为了简化计算，《规范》规定，围护结构的耗热量包括基本耗热量和附加耗热量两部分。

（1）围护结构的基本耗热量

围护结构的基本耗热量按照下式计算：

$$\dot{Q}_j = A_j K_j (t_R - t_{0,w}) \alpha \tag{1-6}$$

式中：$\dot{Q}_j$——j 部分围护结构的基本耗热量，W；

A_j ——j 部分围护结构的表面积，m^2；

K_j ——j 部分围护结构的传热系数，W/（m^2·℃）；

t_R ——冬季室内计算温度,℃；

$t_{0.w}$ ——供暖室外计算温度,℃；

α ——围护结构的温差修正系数，但是，在已知冷侧温度或用热平衡法能计算出冷侧温度时，可直接用冷侧温度代入，不再进行 α 值修正。

使用上式时，应注意下列问题：

①围护结构的面积 A ，应按照一定的规则从建筑图上量取。其规则可查阅有关的设计手册。

②一些定型的围护结构的传热系数 K ，可从设计手册上直接查取。一般情况下，根据传热学原理，可以按照多层匀质材料组成的结构计算其传热系数。但不同地区供暖建筑各围护结构传热系数不应超过《严寒和寒冷地区居住建筑节能设计标准》（JGJ 26—2018）、《公共建筑节能设计标准》（GB 50189—2015）中的有关规定值。

③设置全面供暖的建筑物，其围护结构应具有一定的保温性能，应能满足卫生要求和围护结构内表面不结露的要求，并在技术经济上是合理的。评价围护结构保温性能的主要指标是围护结构的热阻 R 。R 值的大小直接影响通过围护结构耗热量的多少和其内表面温度的高低，也会影响围护结构的造价。因此，围护结构的热阻 R 应根据技术经济比较确定，且应符合国家有关民用建筑热工设计规范和节能标准的要求。《规范》中已明确规定了确定围护结构最小热阻的计算公式。

（2）围护结构附加耗热量

①朝向修正率。不同朝向的围护结构，受到的太阳辐射热量是不同的；同时，不同的朝向，风的速度和频率也不同。因此，《规范》规定对不同的垂直外围护结构进行修正。其修正率如下。

北、东北、西北朝向：0~10%；

东、西朝向：-5%；

东南、西南朝向：-15%~-10%；

南向：-30%~-15%。

选用修正率时应考虑当地冬季日照率及辐射强度的大小。冬季日照率小于 35%的地区，东南、西南和南向的修正率宜采用-10%~0，其他朝向可不修正。

②风力附加率。《规范》中明确规定：在不避风的高地、河边、海岸、旷野上的建筑物及城镇、厂区内特别高的建筑物，垂直的外围护结构热负荷附加 5%~10%。

③高度附加率。由于室内温度梯度的影响，往往使房间上部的传热量加大。因此规

定：当民用建筑和工业企业辅助建筑的房间净高超过 4m 时，每增加 1m，附加率为 2%，但最大附加率不超过 15%。注意，高度附加率应加在基本耗热量和其他附加耗热量（进行风力、朝向、外门修正之后的耗热量）的总和上。

2. 门窗缝隙渗入冷空气的耗热量

由于缝隙宽度不一，风向、风速和频率不一，因此，由门窗缝隙渗入的冷空气量很难准确计算。《规范》推荐，对于多层和高层民用建筑，可以按照下式计算门窗缝隙渗入冷空气的耗热量：

$$\dot{Q}_{\mathrm{i}} = 0.278L\rho_{\mathrm{a0}}c_{\mathrm{p}}(t_{\mathrm{R}} - t_{\mathrm{o.h}}) \tag{1-7}$$

式中：$\dot{Q}_i$ ——为加热门窗缝隙渗入的冷空气耗热量，W；

L ——渗透冷空气量，m^3/h；

ρ_{a0} ——供暖室外计算温度下的空气密度，kg/m^3；

c_p ——空气定压比热，$c_p = 1kJ/(kg \cdot {}^{\circ}C)$ ；

$t_{o.h}$ ——供暖室外计算温度，℃。

表 1-5　外门窗缝隙渗风系数

等级	Ⅰ	Ⅱ	Ⅲ	Ⅳ	Ⅴ
$a_1/[m^3(m \cdot h \cdot Pa^{0.67})]$	0.1	0.3	0.5	0.8	1.2

换气次数是风量（m^3/h）与房间体积（m^3）之比，单位为 h^{-1}（次/h）。因此，房间渗入冷风量即等于表中推荐值乘以房间的体积。有空调的房间内通常保持正压，因而在一般情况下，不计算门窗缝隙渗入室内的冷空气的耗热量。对于有封窗习惯的地区，也可以不计算窗缝隙的冷风渗入。

3. 外门冷风侵入耗热量

为加热开启外门时侵入的冷空气，对于短时间开启无热风幕的外门，可以用外门的基本耗热量乘上相应的附加率。当建筑物的楼层为 n 时，一道门附加 65% n ；两道门（有门斗）附加 80% n ；三道门（有 2 个门斗）附加 60% n ；公共建筑和生产厂房的主要出入口 500%。阳台门不应考虑外门附加率。

（二）空调夏季冷负荷

1. 空调冷负荷计算内容

空调冷负荷计算包括：①围护结构传热形成的冷负荷；②窗户日射得热形成的冷负荷；③室内热源散热形成的冷负荷；④附加冷负荷。

2. 空调冷负荷各项计算确定（冷负荷系数法）

（1）围护结构温差传热形成的逐时冷负荷简化式

$$\dot{Q}_{c(\tau)} = AK(t_{c(\tau)} - t_R) \quad (1-8)$$

式中：$\dot{Q}_{c(\tau)}$——外墙屋面逐时冷负荷，W；

A——外墙与屋面的面积，m^2；

$t_{c(\tau)}$——外墙或屋顶等的逐时综合冷负荷计算温度,℃；

K——外墙或屋面的传热系数，W/（m^2·℃）；

t_R——夏季空调室内计算温度,℃。

（2）透过玻璃窗进入室内日射得热形成的逐时冷负荷

$$\dot{Q}_{c(\tau)} = C_a A_w C_s C_i D_{jmax} C_{LQ} \quad (1-9)$$

式中：A_w——窗口面积，m^2；

C_s——有效面积系数；

C_{LQ}——窗玻璃冷负荷系数，无因次。

（3）室内热源散热形成的冷负荷表达式

$$\dot{Q}_{c(\tau)} = \dot{Q}_s C_{LQ} \quad (1-10)$$

式中：$\dot{Q}_{c(\tau)}$——设备和用具显热形成的冷负荷，W；

$\dot{Q}_{c(\tau)}$——设备和用具的实际显热散热量，W；

$\dot{Q}_{c(\tau)}$——设备和用具显热散热冷负荷系数。

（4）人体散热形成的冷负荷和散湿量按照下式计算

$$\dot{Q}_{c(\tau)} = q_s n \varphi C_{LQ} \quad (1-11)$$

式中：$\dot{Q}_{c(\tau)}$——人体潜热散热形成的冷负荷，W；

q_s——不同室温和劳动性质成年男子显热散热量，W；

n——室内全部人数；

φ——群集系数；

C_{LQ}——人体显热散热冷负荷系数。

（5）照明散热形成的冷负荷按照照明灯具类型和安装方式不同分别计算

①白炽灯：

$$\dot{Q}_{c(\tau)} = 1\,000 N C_{LQ} \quad (1-12)$$

②荧光灯（镇流器在空调房间内）：

$$\dot{Q}_{c(\tau)} = 1\,000 n_1 n_2 N C_{LQ} \tag{1-13}$$

式中：$\dot{Q}_{c(\tau)}$ ——灯具散热形成的逐时负荷，W；

N ——照明灯具所需功率，kW；

n_1——镇流器消耗功率系数，当明装荧光灯的镇流器装在空调房间内时取 n_1 = 1，2，当暗装荧光灯镇流器装在顶棚时，可取 n_1 = 1.0；

n_2——灯罩隔热系数；

C_{LQ} ——照明散热冷负荷系数，计算时应注意其值为从开灯时刻算起到计算时刻的时间。

（6）电动设备散热形成的冷负荷按照下式计算

①当工艺设备及其电动机均在室内：

$$\dot{Q}_s = 1\,000 n_1 n_2 n_3 N/\eta \tag{1-14}$$

②当只有工艺设备在室内，而电动机不在室内：

$$\dot{Q}_s = 1\,000 n_1 n_2 n_3 N \tag{1-15}$$

③当只有工艺设备不在室内，而电动机在室内：

$$\dot{Q}_s = 1\,000 n_1 n_2 n_3 \frac{1 - \eta_N}{\eta} \tag{1-16}$$

式中：N ——电动设备的安装功率，kW；

n_1——利用系数，是电动机最大实耗功率与安装功率之比，一般可取 0.7~0.9；

n_2——电动机负荷系数，定义为电动机每小时平均实耗功率与机器设计时最大实耗功率之比，对精密机床可取 0.15~0.4，对普通机床可取 0.5 左右；

n_3——同时使用系数，定义为室内电动机同时使用的安装功率与总安装功率之比，一般取 0.5~0.8；

η ——电动机效率，一般取 0.8~0.9。

（7）其他散热形成的冷负荷

①办公个人电脑散热形成的冷负荷值，可按 150W/台计算；

②餐厅、宴会厅食物散热散湿量，按照食物的全热量：17.4W/人。

（三）湿负荷

湿负荷是指空调房间（或区）的湿源、人体散湿、敞开水池表面散湿、地面积水、化学反应过程的散湿、食品或其他物料的散湿、室外空气带入的湿量等，向室内的散湿量，也就是为维持室内含湿量恒定须从房间除去的湿量。

1. **人体散湿量**

人体散湿量可以按照下式计算：

$$\dot{m}_w = 0.278n\varphi g \times 10^{-6} \tag{1-17}$$

式中：$\dot{m}_w$ 人体散湿量，kg/s；

g ——成年男子的小时散湿量；

n ——室内全部人数；

φ ——群集系数。

2. **敞开水表面散湿量**

敞开水表面散湿量按照下式计算：

$$\dot{m}_w = \beta A(p_w - p_a)\frac{B_s}{B} \tag{1-18}$$

式中：$\dot{m}_w$ ——敞开水表面的散湿量，kg/s；

A ——蒸发表面面积，m^2；

P_w ——相应于水表面温度下的饱和空气水蒸气分压力，Pa；

p_a ——空气中水蒸气分压力，Pa；

B_s ——标准大气压，其值为 101 325Pa；

B ——当地实际大气压力，Pa；

β ——蒸发系数，kg/（N·s）。β 按照下式确定：

$$\beta = (\alpha + 0.00363v)10^{-5} \tag{1-19}$$

式中：α ——周围空气温度为 15～30℃时，不同水温下的扩散系数，kg/（N·s）。

v ——水面上空气流速，m/s。

为了方便计算，计算出敞开水表面单位面积蒸发量 ω，然后可以按照下式计算出敞开水表面的散湿量，即

$$\dot{m}_w = 0.278\omega A \times 10^{-3} \tag{1-20}$$

式中：ω ——敞开水表面单位面积蒸发量，kg/（m^2·h）；

$\dot{m}_w$ ——敞开水表面的散湿量，kg/s；

A ——蒸发表面面积，m^2。

二、新风负荷

空调系统中引入室外新鲜空气（简称新风）是保障良好室内空气品质的关键。在夏

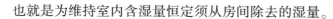

季室外空气焓值和气温高于室内空气焓值和气温时，空调系统为处理新风势必然要消耗冷量。而冬季室外气温比室内气温低且含湿量也低时，空调系统为加热、加湿新风势必然要消耗能量。据调查，空调工程中处理新风的能耗要占到总能耗的25%~30%，对于高级宾馆和办公建筑可高达40%。可见，空调处理新风所消耗的能量是十分可观的。所以，在满足空气品质的前提下，尽量选用较小的新风量。否则，空调制冷系统与设备的容量将增大。

新风系统，通过专用设备向室内送入新风，再从另一侧用专业设备排出，使室内形成一种新风流动场，让室内时刻享有新风。

新风系统的作用如下。

①现代住宅密闭性能好，致使室内通风差。新风系统的出现解决了现代住宅通风难的问题，及时有效将污浊空气排出并引进了新鲜空气。

②高楼大厦一年四季很少开窗，冬夏两季都是靠空调来调节温度。但是长期生活在这种环境下，容易引发空调病。新风系统可有效解决空调病的发生。

室内家具及建材会释放一定量的有害气体，如不及时排出，会使其浓度增加，最终对人体造成危害，严重的可诱发白血病。新风系统的出现，解决了室内通风难的问题，及时有效地将污浊空气予以排出。

④空气流通好，能避免细菌的滋生，避免了衣物发霉。

⑤在冬季，通过热回收功能，可以将能量重复利用，降低了取暖的成本费用。

新风量，是指从室外引入室内的新鲜空气，区别于室内回风。新风量是衡量室内空气质量的一个重要标准，新风量直接影响到空气的流通、室内空气污染的程度，因此需把握好室内新风量，保证室内空气治理，营造良好健康的室内环境。

第三节　工业与民用建筑通风

一般来说，工业与民用建筑空气中会存在一些污染物。民用建筑中污染物的来源主要有人、宠物、人的活动、建筑物所用的材料、设备、日用品、室外空气等。污染物主要成分有二氧化碳、一氧化碳、可吸入粒子、病原体、氮氧化物、甲醛、石棉（含在建筑材料中）、挥发性有机化合物和气味等。工业建筑中的主要污染物是伴随生产工艺过程产生的，不同的生产过程有着不同的污染物。污染物的种类和发生量必须通过对工艺过程详细了解后获得。因此，工业与民用建筑要做好通风工作，以减少室内空气中污染物的危害。

一、建筑全面通风系统

按空气流动的动力分，全面通风可分为机械通风和自然通风。利用机械（即风机）

实施全面通风的系统可分成机械进风系统和机械排风系统。对于某一房间或区域，可以有以下几种系统组合方式：①既有机械进风系统，又有机械排风系统；②只有机械排风系统，室外空气靠门窗自然渗入；③机械进风系统和局部排风系统（机械的或自然的）相结合；④机械排风与空调系统相结合；⑤机械通风与空调系统相结合。

（一）机械进风系统

典型的机械进风系统的中风机提供空气流动的动力，风机压力应克服从空气入口到房间送风口的阻力及房间内的压力值。送风口的位置直接影响着室内的气流分布，因此也影响着通风效率。室外空气人口又称新风口，是室外干净空气引入的地方，新风口设有百叶窗，以遮挡雨、雪、昆虫等。另外，新风口的位置应在空气比较干净的地方；附近有排风口时，新风口应在主导风向的上风侧，并应低于排风门；底层的新风口宜高于地面 2m，以防室外地面的灰尘吸入系统；应尽量避免在交通繁忙道路的一侧取新风，此处的汽车尾气造成的污染比较严重。新风入口处的电动密闭阀只在采暖地区使用，它与风机联动，当风机停止工作时，自动关闭阀门，以防冬季冷风渗入而冻坏加热器等。如果不设电动密闭阀时，也应设手动的密闭阀。

（二）机械排风系统

机械排风系统由风机、风口、风管、阀门、排风口等组成。风机的作用同机械进风系统。风口是收集室内空气的地方，为提高全面通风的稀释效果，风口宜设在污染物浓度较大的地方；污染物密度比空气小时，风口宜设在上方，而密度较大时，宜设在下方；在房间不大时，也可以只设一个风口。排风口是排风的室外出口，它应能防止雨、雪等进入系统，并使出口动压降低，以减少出口阻力；在屋顶上方用风帽，在墙或窗上用百叶窗。风管（风道）空气的输送通道，当排风是潮湿空气时宜用玻璃钢或聚氯乙烯板制作，一般的排风系统可用钢板制作。阀门用于调节风量，或用于关闭系统；在采暖地区为防止风机停止时倒风，或洁净车间防止风机停止时含尘空气进入房间，常在风机出口管上安装电动密闭阀，与风机联动。

（三）空调建筑中的通风

空调建筑通常是一个密闭性很好的建筑，如果没有合理的通风，其空气品质还不如通风良好的普通建筑。这是指在某些空调建筑的人群中出现的一些不明病因的症状，如鼻塞、流鼻涕、眼受刺激、流泪、喉痛、呼吸急促、头痛、头晕、疲劳、乏力、胸闷、精神恍惚、神经衰弱、过敏等症状，离开这种建筑症状就消失，普遍认为这主要是由室内空气品质不好造成的。造成空气品质不好的原因也是多方面的，但不可否认，通风不足是其中的主要原因之一。在空调建筑中，除了工艺过程排放有害气体需专项处理外，一般的通风问题由空调系统来承担。在空气-水系统中，通常设专门的新风系统，给各房间送新风，以承担建筑的通风和改善空气品质的任务。全空气系统都应引入室外新风，与回风共同处理后送入室内，稀释室内的污染物。因此，空调系统利用了稀释通风的办法来改善室内空气品质。有关稀释通风中的原理同样适用于空调系统中的通风问题。但在全空气系统中，如有多个房间（或区），它的风量分配是根据负荷来分配的。因此，就出现负荷大的房间获得新风多，而负荷小的房间获得新风少的问题。这有可能导致有些房间新风不足、空气品质下降。要解决新风不足，必须加大送风中的新风比例。

二、通风量的确定

保证室内空气品质的主要措施是通风，即用污染物很低的室外空气置换室内含污染物的空气。所需的通风量应根据稀释室内污染物达到标准规定的浓度的原则来确定。对于以人群活动为主的建筑，人群是主要污染源，其 CO_2 的散发量指示了人体的生物散发物。因此，这类建筑都是用稀释人体散发的 CO_2 来确定必需的通风量人员所需的最小新风量。

人体的 CO_2 发生量与人体代谢率有关，即

$$\dot{q} = 4 \times 10^{-5}(MA_p) \tag{1-21}$$

式中：$\dot{q}$ ——每个人的 CO_2 发生量，L/s；

M ——新陈代谢率，W/m^2；

A_p ——人体表面积，m^2。

对于一个标准的中国男人，A_p 平均为 1.69m^2，其 CO_2 发生量为：

$$\dot{q} = 6.76 \times 10^{-5}M \tag{1-22}$$

稀释 CO_2 所需要的通风量按照所述的稳定状态稀释方程来计算，即

$$\dot{v} = \frac{\dot{q}}{c - c_0} \tag{1-23}$$

式中：$\dot{v}$ ——每人稀释 CO_2 所需的新风量，m^3/（s・p）；

c ——室内 CO_2 的允许浓度，L/m^3，我国标准规定允许浓度在 0.07%～0.15% 范围内，一般可取 0.1%＝1L/m^3；

Co——室外空气 CO_2 浓度，L/m^3，一般可取 0.3L/m^3。

民用建筑中除了一些特殊用途的房间（如车库、实验室等）外，大部分房间（区域）

为人员的工作、学习、娱乐、生活的场所，在这些房间（区域）内人群是主要污染源。按照《民用建筑供暖通风与空气调节设计规范》GB 50736—2012，保证室内空气品质的通风量根据房间（区域）内的人数和国家卫生标准规定的每人所需的新风量来确定，即房间（区域）的新风量等于人数乘每人新风量。

目前，国外有些标准如欧洲标准化组织的规定房间的通风量分别根据室内人数和房间（区域）的地面面积来确定。前者考虑了稀释人群产生的污染物，这些污染物与人数成正比；后者考虑了稀释人群所在环境中建筑材料、家具等所散发的低浓度污染物，这些污染物不与人数成正比，而与地面面积成正比。用这种方法确定房间新风量比只按照人数确定要合理。这种方法规定的每人所需新风量比只用人数确定房间新风量的要少。

三、典型场所的通风量

一般坐着活动的人（办公室、学校、住宅中人员）$M=70W/m^2$，取 $c=0.1\%$，计算得每人所需的最小新风量为 6.76L/（s·p）= $24m^3$/（h·p）。

各国根据建筑物中房间的用途，都制定了每人所需新风量的标准。我国在各种标准、规范中也规定了人员的新风标准，如影剧院、音乐厅、录像厅、体育馆、商场、书店、餐厅等为 $20m^3$/（h·p）；办公室、游艺厅、舞厅等为 $30m^3$/（h·p）；旅馆客房 3~5 星级为 $30m^3$/（h·p），1~2 星级为 $20m^3$/（h·p）。

四、改善室内空气品质的综合措施

室内空气品质的优劣直接影响人们的健康。通风无疑是创造合格的室内空气品质的有效手段。但是真正要达到空气品质的标准，还必须采取综合性的措施。

（一）保证必要的通风量

在工业厂房中存在可以觉察到的污染物时，人们从关心自身健康的角度，能比较自觉地应用通风系统。而在一些认为“高级”的空调场所，通风往往被忽视。例如，集中空调系统在运行时引入新风；风机盘管加新风系统中新风系统经常不开，更有甚者，空调设计者在设计系统时忽略厂新风。从设计到运行管理，必须充分重视室内空气品质，保证必要的新风量是保证室内空气品质合格的必要条件。

（二）加强通风与空调系统的管理

通风与空调系统的根本任务是创造舒适与健康的环境。但应认识到，管理不善的通风空调系统也是传播污染物的污染源。通风空调系统中容易成为污染源的地方有过滤器、表冷器、喷水室、加湿器、冷却塔、消声器等。过滤器阻留的细菌和其他微生物在温暖湿润条件下滋生繁殖，然后带入室内。空调处理设备和冷却塔等凡是潮湿或水池的地方均容易繁殖细菌，再通过各种途径进入室内。阻性消声器的吸声材料多为纤维或多孔材料，容易产生微粒或繁殖细菌、电加湿器或蒸汽加热器因温度太高有烧焦灰尘的气味，也污染室内空气。空调系统的回风顶棚积有尘粒和微生物，也会互相传播造成污染。因此，必须加强对通风空调系统的维护管理，如定期清洗、消毒、维修、循环水系统灭菌等。

（三）减少污染物的产生

不论是工业还是民用建筑，减少或避免污染物的产生是改善空气品质最有效的措施。在工业生产中改革工艺过程或工艺设备，从根本上杜绝或抑制污染物的产生，例如有大量粉尘产生的工艺用湿式操作代替干式操作，将可大大抑制粉尘的产生，又如采用焦磷酸盐代替氰化镀铜工艺、改有毒电镀为无毒电镀等。

在民用建筑中，吸烟的烟气、某些建筑材料散发甲醛、石棉纤维等都是常见的污染源。禁止在室内公共场所吸烟，不用散发污染物的材料无疑是从源头上改善室内空气品质的手段。但是政府必须立法限制材料应用范围，才有可能杜绝有污染物发生的材料进入建筑内部；发达国家已经有这类立法，如禁止石棉制品在建筑中使用。

第二章　建筑供暖

第一节　供暖方式及系统类型

一、供暖方式与系统分类

应根据建筑物规模的不同，以及所在地区气象条件、能源状况和政策、节能环保要求和生活习惯等，通过技术经济比较，确定采用不同的供暖方式和类型。

（一）供暖方式

1. 集中供暖与分散供暖

①由单独设置的热源集中制配热媒，通过管道向各个房间或各个建筑物供给热量的供暖方式，称为集中供暖。

②将热源、热媒输配和散热设备构成独立系统或装置，向单个房间或局部区域就地供暖的方式，称为分散供暖。

冬季室外日平均温度稳定低于或等于5℃的日数，累年在60天以上地区的幼儿园、养老院、中小学校、医疗机构等建筑、累年在90天以上地区的一般建筑，宜采用集中采暖。

2. 全面供暖与局部供暖

①使整个供暖房间维持一定温度要求的供暖方式，称为全面供暖。

②使室内局部区域或局部工作地点保持一定温度的供暖方式，称为局部供暖。

设置供暖的工业建筑，当每名工人占用的建筑面积超过100m^2时，采用使整个房间都达到某一温度要求的全面供暖是不经济的，若工艺无特殊要求，可以在工作地点设置局部供暖；当厂房中无固定工作点时，可设置取暖室。

3. 连续供暖与间歇供暖

①对于全天使用的建筑物，使其室内平均温度全天均能达到设计温度的供暖方式，称为连续供暖。

居住建筑的集中供暖系统应按连续供暖进行设计。

②对于非全天使用的建筑物，仅在其使用时间内使室内平均温度达到设计温度，而在非使用时间内可自然降温的供暖方式，称为间歇供暖。

4. **值班供暖**

在非工作时间或中断使用的时间内，使建筑物保持最低室温要求的供暖方式，称为值班供暖。

位于严寒地区或寒冷地区的供暖建筑，为防止水管、用水设备及其车间内设备的润滑油等发生冻结，在非工作时间或中断使用的时间内，室内温度应保持在0℃以上；利用房间蓄热量不能满足要求时，应按保证室内温度5℃设置值班供暖。当工艺有特殊要求时，应按工艺要求确定值班供暖温度。

（二）系统分类

供暖系统的形式多样，根据不同的分类方式有不同的系统类型。

1. **按热媒种类分类**

根据供暖系统所使用的热媒，可分为热水供暖、蒸汽供暖和热风供暖系统。

①热水供暖：以热水作为热媒，其特点是热能利用率高、节省燃料、热稳定性好、供暖半径大、卫生、安全。

②蒸汽供暖：按蒸汽的工作压力不同，分为低压（≤70kPa）蒸汽系统和高压蒸汽系统（>70kPa）。工作压力低于当地大气压力的蒸汽供暖，称为真空供暖。

③热风供暖：将加热后的空气直接供给室内采暖。通常采用0.1~0.3MPa的高压蒸汽或90℃以上的热水加热空气。热风供暖系统具有升温快、设备简单、投资较少等特点，但风机设备和气流噪声较大，通常用于耗热能大、所需供暖面积较大、定时使用的大型公共建筑（如港口、车站、影剧院、体育场馆等）或有特殊要求的工业厂房中。

集中供暖系统的热媒应根据建筑物的用途、供热情况和当地气候特点等条件，经技术经济比较确定。民用建筑应采用热水作为热媒。工业建筑当只有供暖用热或以供暖用热为主时，宜采用高温水作为热媒；当厂区供热以工艺用蒸汽为主时，在不违反卫生、技术和节能要求的条件下，可采用蒸汽作为热媒。

2. **按散热方式分类**

根据散热设备向房间散发热量的方式，供暖系统分为对流供暖和辐射供暖。

①利用对流换热器或以对流换热为主向房间散发热量的供暖系统，称为对流供暖系统。对流供暖系统主要散热设备是散热器，在某些场所还使用暖风机等。

②辐射供暖是利用受热面积释放的热射线，将热量直接投射到室内物体和人体表面，并使室内空气温度达到设计值。其主要设备有辐射散热器、辐射地板、燃气辐射采暖器等。利用建筑物内部顶棚、地板、墙壁或其他表面作为辐射散热面，也是常用的辐射供暖形式。

3. **电供暖**

电供暖是利用电能直接加热室内空气或供暖热媒，使室内空气达到规定温度的供暖形式。电能是高品位的能源形式，将其直接转换为低品位的热能进行供暖，在能源的利用上并不十分合理，一般不宜采用。但对于环保有特殊要求的区域、远离集中热源的独立建筑、采用热泵的场所、能利用低谷电蓄热的场所或者有丰富的水电资源可供利用时，经过技术经济比较合理时，可以采用电供暖。

二、热水供暖系统

热水供暖系统由热源、输配系统和散热设备三部分组成。热源制备的热水通过输配管路输送到各个散热设备，在散热设备中释放出热量向建筑供暖。热水放热后温度降低，再通过输配管路回到热源重新加热。

（一）热水供暖系统的类型

热水供暖系统有多种类型，分别适应于不同的应用场所。

1. **按热媒温度，可分为高温水系统和低温水系统**

根据热水参数不同，我国将热水供暖系统分为高温水供暖（水温>100℃）和低温水供暖（水温≤100℃）。城市外网及一些公共建筑和工业建筑供暖常采用高温水作为热媒，一般民用建筑采暖热媒则多用低温水。

散热器集中供暖系统宜按 75℃/50℃连续供暖进行设计，且供水温度不宜大于 85℃，供回水温差不宜小于 20℃。

2. **按介质循环动力，可分为重力循环系统和机械循环系统**

重力循环系统依靠系统中不同水温产生的密度差使水流循环，不需要设置其他的动力设备。但受水温差限制，其循环动力小，作用范围有限。

机械循环系统依靠水泵提供的机械力，使热水在系统中循环。与重力循环系统相比，机械循环系统的作用范围大，应用更广泛。

3. **按热水介质是否接触大气，分为开式系统和闭式系统**

闭式系统的循环介质不与大气相接触，仅在系统最高点设置膨胀水箱并有排气和泄水装置。闭式系统在水泵运行或停止期间，管内都充满水，管路和设备不易产生污垢和腐蚀，系统循环水泵只须克服循环阻力，而不用考虑克服提升水的静水压力，水泵耗电较小。

开式水系统在管路之间设有贮水箱（或水池）通大气，回水靠重力自流到回水池。开式系统的贮水箱具有一定的蓄能作用，可以减少热源设备的开启时间，增加能量调节能力，且水温波动可以小一些。但开式系统水中含氧量高，管路和设备易腐蚀，水泵扬程要加上水的提升高度，水泵耗电量大。

在实际工程中，热水供暖系统一般采用闭式系统。

4. 按管线结构形式划分

（1）垂直式和水平式：如果系统中各层散热器或换热设备主要采用立管连接的形式，该系统称为垂直式系统，若散热器或换热设备主要是用水平管道连接在一起，则该系统称为水平式系统。

水平式适用于大面积的多层建筑和公共建筑。与垂直式系统相比，水平式系统具有以下特点：

①管路简单，施工方便，系统总造价一般较垂直式少；

②立管数少，楼板打洞少，沿墙无立管，对室内环境影响较小；

③便于分层管理和调节。

水平式的缺点主要有以下三点：

①排气不如垂直式方便；

②当串联换热设备较多时，容易出现水平失调；

③在重力循环系统中，底层环路的自然作用压力较小，使下层的水平支管的管径过大，所以在重力循环系统中，采用垂直式系统较为适宜。

垂直式和水平式系统在工程中都很普遍，具体应用视实际要求确定。

（2）单管式和双管式：无论垂直或水平式系统，都有单管和双管形式之分。

①单管系统：各组换热设备通过一根管道串联在一起，结构简单、施工方便、造价低；主要缺点是各换热设备流量单独调节困难。

②双管系统：各组换热设备并联在供、回水管之间。双管式系统各换热设备流量可单独控制，使用灵活、调节方便。

（3）上分式、下分式和中分式：对垂直式水系统，还可根据供、回水干管在建筑物中的位置进行系统的划分。供水干管布置在建筑物上部空间，通过各个立管自上而下进行介质分配的系统，称为上分式，也称为上供式或上行下给式；供水干管布置在建筑物的底部，通过各个立管自下而上分配介质的系统，称为下分式，也称为下供式或下行上给式系统；供水干管布置在建筑物的中部，通过各个立管分别向上和向下分配介质的系统，称为中分式，也称为中供式或中给式系统。

类似于供水干管，回水干管相应地有上回式和下回式两种系统形式。综合供水和回水干管的布置，可组合成多种系统形式，如上供下回式、下供上回式（又称倒流式）、下供下回式、上供上回式、混合式等。

干管的位置除了与建筑构造、施工安装有关外，还对系统的性能有影响。当供水干管敷设在房间上部，其管道传热所释放出的热量聚集在房间上部，对调节工作区的温度没有帮助，但可减少楼板传热，对上个楼层房间有利；当供水干管敷设在房间下部时，情况刚好相反，管道传热所释放出的热量聚集在房间下部，对工作区域产生有利影响。供水干管的敷设位置，在一些采用明装管道敷设的供暖系统中有较明显的影响。

另外，干管位置也会对散热器等换热设备的连接产生影响。换热设备进出水方向不同，会导致换热设备的换热效率发生变化。当散热器或换热器上表面温度比下表面温度高时，有利于外表面空气的对流换热。对于加热空气用的散热器等换热设备，采用热水由设备上部进入，下部流出的水流方式，有利于提高换热设备的传热系数，提高换热效率。

（4）同程式和异程式：根据系统中各循环环路流程长度是否相同，有同程式和异程式系统之分。异程式系统中各循环环路长度不同，其环路阻力不易平衡，阻力小的近端环路流量会加大，远端环路的阻力大，其流量相应会减小，从而造成近端用户比远端用户所得到的热量多，形成水平失调。同程式系统则可避免或减轻水平失调。

（二）热水供暖系统的常用形式

1. 重力循环系统

重力循环系统又称自然循环系统，是靠供回水的密度差产生的重力作用进行循环。该系统装置简单、运行时无噪声、不消耗电能，但受介质温度和温差的限制，其循环动力小、管径大、作用范围受限。一般仅用于单幢建筑或作用半径不超过 50m 的小型供暖系统。

重力循环热水供暖系统设计时应注意以下五点。

①作用半径不宜超过 50m。

②通常宜采用上供下回式，最好是单管垂直式系统。

③锅炉位置尽可能降低，以增加系统作用压力。

④膨胀水箱应设置在供水总立管顶部距供水干管顶标高 300~500mm。

⑤干管须设坡度，一般为 0.005~0.01，坡向与水流方向相同；散热器支管设 0.01~

0.02 的坡度，坡向应有利于使系统中的空气汇集到膨胀水箱排至大气。

常见的系统形式有以下三种。

①单管上供下回式：该系统形式简单、不消耗电能、水力稳定性好；但由于系统作用压力小，作用范围受到限制，为减小阻力，管径通常较大，系统升温慢，房间温度不能任意调节。适用于作用半径不超过 50m 的单幢多层建筑。

②双管上供下回式：与单管系统类似，该系统也具有简单、不消耗电能、无噪声的特点。由于是靠重力循环，作用压力小，管径大、热水流速不高，升温慢、作用范围受限。与单管系统不同，双管系统室温可局部调节，但容易产生垂直失调。为降低垂直失调，该系统通常可用在作用半径不超过 50m 的 3 层以下建筑。

③单户式：该系统用于单户单层建筑，锅炉与散热器通常在同一层，为了保持散热器距锅炉的垂直高差，散热器安装至少提高到 300～400mm 高度，以保证必要的重力循环作用力。由于散热器和锅炉的高差较小，系统作用压力不大，应尽量缩小配管长度减少管道阻力。该系统的膨胀水箱可设置在阁楼内。

2. 机械循环系统

机械循环系统是热水供暖的主要形式，这种系统中设有循环水泵，与重力循环系统相比水流速大、管径小、升温快、作用范围大，但因系统中增加了循环水泵，使维修工作量增加，运行费用增加。由于作用压力大，机械循环系统比重力循环系统类型更多，适应场合更广泛。其主要的系统形式有以下 10 种。

①双管上供下回式：散热器流量可单独调节，排气方便，易产生垂直失调，供水干管有无效热损失。用于室温有调节要求的场所。

②双管下供下回式：散热器流量可单独调节，垂直失调比上供下回式小，供、回水干管管径大时，需设置地沟，排气不便。用于室温有调节要求且顶层不能敷设干管或有地下室可利用的建筑。

③双管中供式：可解决上分式系统供水干管挡窗的问题，减轻垂直失调，减小供水干管无效热损失，适应楼层扩建，但上层排气不利。适用于顶层供水干管无法敷设或边施工边使用的建筑。

④双管下供上回式：该系统水的流向是自下而上，又称双管倒流式。由于水流方向与系统内空气流向一致，因而空气排除比较容易；回水干管在顶层，无效热损失小；底部散热器水温高，对底层房间负荷大的建筑有利，并有利于解决垂直失调。由于热水从下至上流经散热器，其散热器传热系数比上供下回式低，散热器表面温度几乎等于甚至有时还低于出口水温，增加了散热器面积，但用于高温水供暖时，有利于满足散热器表面温度不致过高的卫生要求。这种系统适用于热媒为高温水、室温有调节要求的 4 层以下建筑。

⑤垂直单管上供下回：又称顺流式系统。该系统水力稳定性好、排气方便、安装构造简单、施工方便、造价低，但顺流式系统散热器流量不能局部调节。这种系统用于房间温度无须单独调节的一般多层建筑。

⑥垂直单管上供下回跨越式：跨越式系统是在单管顺流式基础上，在散热器进出水管之间并联旁通跨越管构成。通过跨越管可有限调节部分散热器流量，同时供水经跨越管流至下层散热器，可提高底部散热器水温，减轻建筑层数过多、底部过冷问题。由于与跨越管并联的散热器流量减少，散热面积需增加，另外跨越式管配件增多，施工安装麻烦，造价比顺流式系统增加。该系统用于一般多层建筑，房间温度可单独调节。

⑦垂直单管下供上回式：垂直单管下供上回式又称倒流式系统，这种系统可降低散热器的表面温度，排气方便，用于高温水系统时，膨胀水箱架设高度可降低，散热器的传热系数比单管顺流式系统下降，散热器面积增加，散热器流量不能局部调节。适合于热媒为高温水、室温无须单独调节的多层建筑。

⑧混合式：是高温水热媒直连系统常采用的方法之一。系统前部为倒流式，适应高温水；后部为顺流式，适应于低温水。该系统初次调节比较困难，并须严格控制进入散热器的水量。用于热媒为高温水的多层建筑。

⑨水平单管串联式：特点是经济、美观、安装简便，便于分层管理和调节，但散热器接口处易漏水，排气不便，易出现前端过热末端过冷的水平失调。多用于单层建筑或不能敷设立管的多层建筑。

⑩水平单管跨越式：可串联多组散热器，每组散热器可调节，便于分层管理和调节，排气不便，管道配件多，施工比水平串联式复杂。用于大面积的多层建筑和需要串联较多组数散热器的公共建筑。

机械循环系统的作用压力以水泵的作用力为主，但自然作用压力依然存在，特别是对于热水供暖双管系统，自然作用压力是其产生垂直失调的重要原因。垂直式单管系统一般不会发生因自然作用压力而产生的垂直失调，但当建筑物楼层数不同或各立管所负担的楼层数不同时，垂直式单管系统也会发生垂直失调。设计时必须注意以下两点：

A. 对于管道内水冷却所产生的自然作用压力因占比例较小，其影响可忽略不计。

B. 散热器内水冷却而产生的自然作用压力，按设计水温条件下自然作用压力最大值的 2/3 计算。

（三）高层建筑热水供暖系统

高层建筑供暖系统除在负荷计算上要考虑风压和热压的影响外，在热水系统的构造形式上也有其自身的特点。由于建筑高度增加，使得水系统的水静压力很大，影响到楼内系统与外网的连接方式，同时系统设备、管道的承压能力也需要考虑能否达到要求。另外，楼层数增加致使自然作用压力的影响加大，有可能使得垂直失调现象十分严重。针对上述问题，高层建筑热水供暖系统在结构形式上主要注意解决水静压力和垂直失调问题，常采用分层式、双线式和混合式等多种系统形式。

1. **分层式**

在垂直方向将水系统分成 2 个或更多的独立系统。下层系统通常与室外网络直接连接。下层系统的高度主要取决于室外网络的压力状况和散热器承压能力；上层系统采用水−水加热器与室外网络连接。这种水加热器分层式连接是高层建筑热水供暖系统常用的形式。

另外，还可采用双水箱分层系统。该系统的下部与室外网络仍然采用直接连接，上部系统用 2 个水箱代替水−水加热器，利用 2 个水箱间的水位高差 h 进行上层系统的水循环。上层系统的回水通过较低的回水箱的溢流管回到外网回水管。溢流管上部为非满管流，下部高度内受外网压力影响为满管。该形式入口设备比水加热器方式简单、造价降低。但是，由于开式系统空气易进入系统引起系统腐蚀。

2. **双线式**

双线系统的散热器通常采用蛇形管或辐射板式结构。由于散热器立管是由上升立管和下降立管组成，各层散热器的平均温度可近似认为相等，这样有利于避免系统垂直失调。这是双线式系统用于高层建筑时的突出优点。为避免水平失调，可在各回水立管上设置节流孔板，增大立管阻力，或采用同程式系统。

水平双线式热水供暖系统在水平方向上各组散热器平均温度可近似认为是相同的，其传热系数 K 值的变化程度也近似相同。与水平单管式一样，该系统可在每层设置调节阀，进行分层调节。为避免垂直失调，可在每层水平分支线上设置节流孔板，增加各水平环路的阻力。

3. **混合式**

该形式避免单独使用双管式因楼层数过多出现严重的垂直失调现象，同时又能避免单管式系统散热器支管管径过粗、系统不能局部调节的缺点。

三、辐射供暖系统

热媒通过散热设备的壁面，主要以辐射方式向房间传热。此时，散热设备可采用悬挂金属辐射板的方式，也常常采用与建筑结构合为一体的方式。

（一）辐射供暖的特点

习惯上把辐射传热比例占总传热量50%以上的供暖系统称为辐射供暖系统。辐射供暖是一种卫生条件和舒适标准都比较高的供暖方式。它是利用建筑物内部的顶面、墙面、地面或其他表面进行供暖的系统。与对流供暖系统相比，辐射供暖系统具有以下主要优点。

①由于有辐射强度和温度的双重作用，造成了真正符合人体散热要求的热状态，具有最佳的舒适感。

②利用与建筑结构相结合的辐射供暖系统，不需要在室内布置散热器，也不必安装连接散热器的水平支管，不占建筑面积，也便于布置家具。

③室内沿高度方向上的温度分布比较均匀，温度梯度很小，无效热损失可大大减少。

④由于提高了室内表面的温度，减少了四周表面对人体的冷辐射，提高了舒适感。

⑤不会导致室内空气的急剧流动，从而减少了尘埃飞扬的可能，有利于改善卫生条件。

⑥由于辐射供暖将热量直接投射到人体，在建立同样舒适条件的前提下，室内设计温度可以比对流供暖时降低2~3℃（高温辐射时可以降低5~10℃），从而可降低供暖能耗10%~20%。

另外，辐射供暖系统还有可能在夏季用作辐射供冷，其辐射表面兼做夏季降温的供冷表面。辐射供暖的主要缺点是初投资较高，以低温辐射供暖系统为例，通常比对流供暖系统高出15%~25%。

（二）辐射供暖系统的主要形式

1. 低温辐射供暖

低温辐射供暖舒适性强、卫生条件高，不占建筑空间、不影响室内装饰，并可有效地利用低温热源，被越来越多地应用在民用和公共建筑中。

①热水地面辐射供暖：热水地面辐射供暖系统具有温度梯度小、室内温度均匀、脚感温度高、易于敷设和施工等特点，近年来得到了广泛采用。低温热水地板辐射供暖的供水温度一般小于60℃，可分为埋管式与组合式两大类。

A. 埋管式：也称为湿式。是将管道预埋在地面不宜小于30mm混凝土垫层内，地面结构一般由基础结构层（楼板或土壤）、绝热层、填充覆盖层、防水层、防潮层和地面层组成。

加热盘管敷设在绝热层上，管间距为100~350mm，盘管上部覆盖层厚度不宜小于

50mm；否则，人站在上面会有颤动感。填充覆盖层可采用豆石混凝土，豆石粒径不宜大于12mm，并宜渗入适量的防裂剂。填充层应设膨胀伸缩缝，其间距和宽度应由计算确定，一般在面积超过30m^{2}或长度超过6m时，宜设置间距不大于6m、宽度不小于5mm的伸缩缝，面积较大时伸缩缝间距可适当增加，但不宜超过10m，缝中填充弹性膨胀材料（如弹性膨胀管）。

加热管及覆盖层与外墙、楼板结构层间应设绝热保温层，保温层材料一般采用聚苯乙烯泡沫板，厚度不宜小于25mm。在地面土壤上铺设时，绝热层下应做防潮层，在潮湿房间（如卫生间、厨房等）铺设盘管时，盘管填充层上应设防水层，以避免水分侵蚀。

B. 组合式：组合式也称为干式。加热盘管预先预制在轻薄供暖板上或敷设在带预制沟槽的泡沫塑料保温板的沟槽中。它的构造特点是不需要混凝土填充层，因此没有湿作业。

热水地面辐射供暖系统的管材早期通常使用钢管和铜管，随塑料工业的发展，塑料管材在耐高温、承压和抗老化性能等方面已能满足低温辐射供暖的要求，加之塑料管容易弯曲，易于施工，塑料管长度按设计要求生产，埋设部分无接头，避免了管道渗漏，故现在低温热水辐射供暖系统多采用塑料管，主要有交联聚乙烯管（PE-X管）、聚丁烯管（PB管）、交联铝塑复合管（XPAP管）和无规共聚聚丙烯管（PP-R管）等。这些塑料管均具有耐老化、耐腐蚀、不易结垢、承压高、无污染、水阻力和膨胀系数小等优点。

热水地面辐射供暖系统每个环路加热管的进、出水口分水器、集水器与加热管路连接。分、集水器组装在一个分（集）水器的箱体内，每套分、集水器连接3~5个回路，不超过8个。分、集水器安装在户内不占用主要使用面积，又便于操作的部位，并要留有一定的检修空间。分、集水器内径不应小于总供、回水管内径，且分、集水器最大断面流速不宜大于0.8m/s。分水器前应设阀门及过滤器，集水器后需设置阀门，分水器、集水器顶部应设放气阀，各组盘管与分、集水器相连处应安装阀门。

地面辐射供暖系统的管道布置形式主要有直列式（平行排管式）、往复式（蛇形排管式）和旋转式（蛇形盘管式）等多种。直列式管路易于布置，但首尾部温差较大，板面温度不均匀，管路转弯处转弯半径小；往复式和旋转式系统管道铺设较复杂，但板面温度均匀，高低温管间隔布置，供暖效果较好。根据房间的具体情况，可选择合适的形式，也可混合使用。为减少流动阻力和保证供、回水温差不致过大，加热盘管均采用并联布置。一般采取1个房间为1个环路，也可几个较小房间合用1个环路，较大房间一般20~30m^{2}为1个环路，视情况可布置多个环路。每个分支环路的盘管长度宜尽量接近，一般为60~80m，最长不超过120m。加热管间距不宜大于300mm，聚丁烯（PB）管和交联聚乙烯

（PE-X）管转弯半径不宜小于 5 倍管外径，其他管材不宜小于 6 倍管外径，以保证水路畅通。

②毛细管网辐射供暖：毛细管网系统是埋管型辐射供暖的一种特殊形式。它以 φ3. 35mm×0. 5mm 的导热塑料管作为毛细管，用 φ 20mm×2mm 的塑料管作为集管，通过热熔焊接组成不同规格尺寸的毛细管席。毛细管网系统可供暖、供冷两用：冬季通入热水作为辐射供暖装置，向房间提供热量；夏季通入冷水，可作为辐射供冷装置，承担房间显热负荷。

毛细管席的敷设与安装有以下几种形式。

A. 顶棚安装：直接固定在吊顶或粘贴在石膏平顶板上，表面喷或抹 5~10mm 水泥砂浆、混合砂浆或石膏粉刷层加以覆盖；也可敷设在金属吊顶或石膏平顶板的背面，预制成平顶辐射模块，现场进行拼装连接。

B. 墙面埋置：将加工好的毛细管席安装在墙上，然后喷或抹 5~10mm 水泥砂浆、混合砂浆或石膏粉刷层加以覆盖固定，使所在墙面成为辐射供暖与供冷的换热表面。

C. 地面埋置：将加工好的毛细管席铺设在地面的基层上，然后抹以 10mm 厚水泥砂浆，干燥后上部铺设地面的面层。

毛细管网辐射系统单独供暖时，首先考虑地面埋置方式，地面面积不足时再考虑墙面埋置方式；毛细管网同时用于冬季供暖和夏季供冷时，首先考虑顶棚安装方式，顶棚面积不足时，再考虑墙面或地面埋置方式。

③低温电热辐射供暖：主要利用电热电缆、电热膜或电热织物等电热元件与建筑构件组合而成，根据电热元件的布置位置有电热顶棚、电热地面和电热墙等几种形式。

低温加热电缆辐射供暖系统由可加热电缆和感应器、恒温器等组成，这种方式常用于地板式，将发热电缆埋设于混凝土中。加热电缆由实心电阻线（发热体）、绝缘层、接地导线、金属屏蔽层及保护套构成。

电热膜是一种通电后能发热的半透明聚酯薄膜，由可导电的特制油墨、金属载流条经印刷、热压在两层绝缘聚酯薄膜之间制成的。电热膜工作时的表面温度为 40~60℃，根据需要可布置在顶棚上、地板下或墙裙、墙壁内，同时配以独立的温度控制装置。

2. 中温辐射供暖

中温辐射供暖系统主要用于工业厂房和一些大空间的民用建筑，如商场、展览厅、车站等。散热设备通常是采用钢制辐射板。钢制辐射板的特点是采用薄钢板，小管径和小管距。薄钢板的厚度一般为 0. 5~1. 0mm，加热管通常为焊接钢管，管径为 DN15、DN20、DN25；保温材料为蛭石、珍珠岩、岩棉等。

根据辐射板的长度不同，分为块状和带状两种形式。根据钢管与钢板连接方式不同，单块钢制辐射板分为 A 型和 B 型两类。A 型加热管外壁周长的 1/4 嵌入钢板槽，并以 U 形螺栓固定。B 型加热管外壁周长的 1/2 嵌入钢板槽内，并以管卡固定。

辐射板的背面处理分为在背板内填散状保温材料、只带块状或毡状保温材料和背面不保温等几种方式。

辐射板背面加保温层是为了减少背面方向的散热损失，让热量集中在板前辐射出去，这种辐射板称为单面辐射板。它向背面方向的散热量，约占辐射板总散热量的 10%。

背面不保温的辐射板称为双面辐射板。双面辐射板可以垂直安装在多跨车间的两跨之间，使其双向散热，散热量要比同样的单面辐射板增加 30%左右。

钢制块状辐射板构造简单、加工方便，便于就地生产。在同样的放热情况下，它的耗金属量比铸铁散热器供暖系统节省 50%左右。

带状辐射板是将单块辐射板按长度方向串联而成。带状辐射板通常采用沿房屋的长度方向布置，长达数十米，水平吊挂在屋顶下或屋架下弦下部。

带状辐射板适用于大空间建筑。带状辐射板与块状板比较，由于排管较长，加工安装不便，而且排管管径的影响，难以用理论方法计算。通常由实验给出不同构造的辐射板在不同条件下的散热量，设计时可查有关设计手册。

3. 高温辐射供暖

高温辐射供暖系统的辐射表面温度在 500~900℃或更高。高温辐射供暖最常见的是利用辐射表面在高温状态下发射出的红外线进行供暖，具体形式可划分为两种。

①电气红外线：利用灯丝、电阻丝、石英灯或石英管等通电后在高温下辐射出红外线进行供暖。石英管或石英灯红外线辐射器应用较广。

②燃气红外线：利用可燃气体、液体或固体，通过特制的燃烧装置（即辐射器），进行燃烧而辐射出各种波长的红外线而实现供暖。在整个红外线波段中，波长为 0. 76~40μm 的红外线的热特性最好，燃气红外线辐射器的辐射波长正好在这一范围内。燃气红外线辐射器具有构造简单、外形小巧、发热量大、安装方便、价格低廉、操作简单等许多优点，不但适用于室内供暖，也可应用于室外露天局部供暖。

（三）辐射供暖系统的设计

1. 辐射供暖的热负荷

在辐射供暖中，由于热量的传播主要以辐射形式，同时也伴随有对流形式，所以衡量供暖效果的标准应考虑辐射强度和室内空气温度二者的综合影响。实测证明，在人体舒适范围内，辐射供暖时的室内空气温度可以比对流供暖时低 2~3℃。结合我国的具体情况，空气温度以 12~15℃，辐射强度为 30~60W/m^{2}比较合适。

由于对流和辐射的综合作用，使得准确计算供暖热负荷变得十分困难。工程中采用估算的方法。对于热水辐射供暖系统常用以下两种方法。

①修正系数法：

$$Q_f = \varphi Q_d \tag{2-1}$$

式中：Q_f ——辐射供暖时的热负荷，W；

Q_d ——对流供暖时的热负荷，W；

φ ——修正系数，中、高温辐射系统 φ =0.8~0.9，低温辐射系统 φ =0.9~0.95。

②降低室内温度法：按对流供暖方式计算供暖热负荷，但室内空气计算温度的取值比对流供暖的温度要求降低 2~6℃。低温辐射供暖系统取下限，高温辐射供暖系统宜采用上限数值。

当对大空间内局部区域供暖时，局部辐射供暖的热负荷，可根据该局部区域面积与所在房间面积的比值，按整个房间全面辐射供暖的热负荷乘以局部辐射供暖热负荷计算系数确定。当局部供暖的面积与房间总面积的比值大于 0.75 时，按全面供暖热负荷的计算方法进行计算。

建筑围护结构预先划定要安装辐射板的部位，其围护结构热损失可不计算。如低温地板辐射供暖热负荷计算中，地面的热损失可不计算。

地面供暖向房间散热有将近一半仍依靠对流形式。对于高大空间，尤其是间歇供暖时，为了避免房间升温时间过长或供热量不足等问题，设计中需考虑房间热负荷的高度附加，其附加值按一般散热器供暖计算值的约 50%取值。地面辐射供暖的房间高度大于 4m 时，每高出 1m 宜附加 1%，但总附加率不宜大于 8%。

采用燃气红外线辐射器进行全面供暖时，室内温度梯度小，建筑围护结构的耗热量可不计算高度附加，并在此基础上再乘以修正系数 0.8~0.9。燃气红外线辐射器安装高度过高时，会使辐射照度减小。因此，应根据辐射器的安装高度，对总耗热量进行必要的高度修正。

2. **地面散热量计算**

地面辐射供暖的散热由辐射散热和对流换热两部分组成。辐射散热量和对流换热量可根据室内温度和地表面平均温度求出。计算式如下：

$$q = q_f + q_d \tag{2-2}$$

$$q_r = 5 \times 10^{-8} [(t_{pj} + 273)^4 - (t_{fj} + 273)^4] \tag{2-3}$$

$$q_d = 2.13 (t_{pj} - t_n)^{1.31} \tag{2-4}$$

式中：q ——单位地面面积的散热量，W/m^2；

q_f ——单位地面面积辐射传热量，W/m^2；

q_d ——单位地面面积对流传热量，W/m^2；

t_{pj} ——地表面平均温度，℃；

t_{fj} ——室内非加热表面的面积加权平均温度,℃;

t_n ——室内计算温度,℃。

单位地面面积所需的散热量应按下式计算:

$$q_x = \frac{Q}{F} \tag{2-5}$$

式中:q_x ——单位地面面积所需的散热量,W/m²;

Q ——房间所需的地面散热量,W;

F ——敷设加热管或发热电缆的地面面积,m²。

确定地面所需的散热量时,应扣除来自上层地板向下的传热损失。地面辐射供暖的有效散热量,应计算室内设备、家具及地面覆盖物等对有效散热量的折减。

3. 设计注意事项

①为保证热水地板辐射供暖系统管材与配件的强度和使用寿命,系统的工作压力不宜大于0.8MPa,毛细管网辐射系统的工作压力不应大于0.6MPa。当超过上述压力时,应采取相应的措施。

②供暖地面直接与室外空气接触或与不供暖房间相邻时,应设置绝热层。辐射供暖的加热管板及其覆盖层与外墙、楼板结构层之间应设绝热层。当允许楼板双向传热时,覆盖层与楼板结构层间可不设绝热层。

当绝热层设置在土壤上时,绝热层下应做防潮层。在潮湿房间(如卫生间、厨房等)敷设地板辐射采暖系统时,加热管覆盖层上应做防水层。

③地板辐射供暖的地面结构所有面层施工完毕后,使其自然干燥2周,在干燥期间不得向盘管供热。系统启动时供水温度应逐渐提高,初次供水温度不应高于当时室外气温加11℃,且最高不得高于32℃,在该温度下使热媒循环2天,然后每日升温3℃,直至60℃为止。

④为使加热盘管中的空气能够被水带走,加热管内的水流速不应小于0.25m/s,一般为0.25~0.5m/s。同一集配装置的每个环路加热管长度应尽量接近,每个环中处的阻力不宜超过30kPa。热水吊顶辐射供暖系统宜采用同程式。

⑤必须妥善处理管道和辐射板的膨胀问题,管道膨胀时产生的推力,绝对不允许传递给辐射板。

⑥全面供暖的热水吊顶辐射板的布置应使室内作业区辐射照度均匀,安装时宜沿最长的外墙平行布置。设置在墙边的辐射板规格应大于在室内设置的辐射板的规格。高度小于4m的建筑物,宜选择较窄的辐射板,长度方向应预留热膨胀余地。

⑦由于燃气红外线辐射供暖通常有炽热的表面,因此设置燃气红外线辐射供暖时,必须采取相应的防火、防爆措施。

⑧燃烧器工作时，需要一定比例的空气量，并释放二氧化碳和水蒸气等燃烧产物，燃烧不完全时还会生成一氧化碳。为保证燃烧所需的足够空气，并将放散到室内的二氧化碳和一氧化碳等燃烧产物稀释到允许浓度以下，以及避免水蒸气在围护结构内表面上凝结，必须具有一定的通风换气量。当燃烧器所需要的空气量超过该房间的换气次数 0.5 次/h 时，应由室外供应空气。

⑨燃气红外线辐射器的安装高度应根据人体舒适度确定，但不得低于 3m。

⑩燃气红外线辐射器供暖系统，应在便于操作的位置设置能直接切断供暖系统及燃气供应系统的控制开关。当工作区发出火灾报警信号时，应自动关闭供暖系统，同时还应连锁关闭燃气系统入口处的总阀门，以保证安全。

四、蒸汽供暖系统

（一）蒸汽热媒的特点

蒸汽作为供暖热媒与热水相比，具有自身的一些特点。

在蒸汽供暖系统中，蒸汽释放热量主要是通过蒸汽的凝结放出汽化潜热，其温度变化很小。由于蒸汽的汽化潜热比相同质量热水依靠温降放出的热量大得多，因此，对同样的热负荷，蒸汽系统所需的蒸汽质量流量要比热水流量小得多。

蒸汽供暖系统中的蒸汽密度比热水密度小得多，质量流量相同时，可采用较大的流速而不会产生过大的阻力，从而可减小管径，节省投资；同时，应用在高层建筑中不会像热水系统那样，产生很大的静水压力。

蒸汽系统热惰性小，供蒸汽时热得快，停蒸汽时冷得也快，很适宜用于间歇供暖的用户。

散热设备内的蒸汽温度比热水平均温度高，同样热负荷下，蒸汽供暖比热水供暖节省散热设备面积。但散热设备表面温度高，易使沉积在散热设备表面的有机灰尘焦化而产生异味，降低卫生条件。

蒸汽和凝结水在系统管路内流动时，由于管路阻力和管壁散热，流量和密度都会有很大的变化，且有相变发生，部分蒸汽和凝水以两相流的状态在管路中流动。蒸汽和凝水状态参数变化较大的特点，使得蒸汽供暖系统比热水供暖系统在设计和运行管理上都要复杂，管理不当，容易出现漏气漏水，降低蒸汽供暖系统的经济性和适用性。

（二）蒸汽供暖系统的分类

按蒸汽压力的大小，蒸汽供暖系统分为 3 种。供汽表压高于 70kPa 为高压蒸汽供暖系统；供汽表压等于或低于 70kPa 为低压蒸汽供暖系统；系统压力低于大气压力时，称为真空蒸汽供暖系统。蒸汽压力根据供汽汽源的压力，散热器表面最高温度的限值和管路、设备的承压能力来确定。一般采用尽可能低的蒸汽压力，可降低蒸汽的饱和温度，减少凝水的二次汽化使运行较可靠且卫生条件可得到改善。真空蒸汽供暖系统，具有热媒密度小、散热器表面温度不高、卫生条件好、可改变供汽压力调节供热量等优点，但其缺点是需要抽真空设备、对管道气密性要求较高、运行管理复杂。

按照立管的布置特点，蒸汽供暖系统分为单管式和双管式。单管式系统蒸汽和凝水同在一根管中流动，容易产生水击和汽水冲击噪声；双管式系统蒸汽和凝水分别由蒸汽管道和凝水管道输送，减少了水击，故目前大多数蒸汽供暖系统采用双管式。

按照蒸汽干管布置的不同，蒸汽供暖系统可有上供式、中供式、下供式 3 种，其蒸汽干管分别位于建筑物或系统上部、中部、下部。

按照回水动力不同，蒸汽供暖系统可分为重力回水、余压回水和加压回水 3 种。

第二节　供暖设备与附件

一、暖风机

（一）暖风机种类及性能

通过散热设备向房间输送比室内空气温度高的空气，直接向房间供热，称为热风供暖系统。暖风机是热风供暖系统的换热和送风设备。它是由通风机、电动机及空气加热器组合而成的联合机组。在风机的作用下，空气由吸风口进入机组，经空气加热器加热后，从送风口送至室内。空气与加热器之间进行强制对流换热，其传热效率高于自然对流换热的散热器。由于风机的加压作用，暖风机的作用范围较大，散热量较多，需要耗电，且运行管理费用高。通常，暖风机用于允许使用再循环空气的地方，补充散热器散热不足的部分或者利用散热器作为值班供暖，其余热负荷由暖风机承担。

暖风机分为轴流式和离心式两种。根据换热介质又可分为蒸汽暖风机、热水暖风机、蒸汽-热水两用暖风机及冷、热水两用的冷暖风机等。

轴流式暖风机体积小、结构简单，出口风速低、射程近，送风量较小，一般悬挂或支架在墙上或柱子上，热风直接吹向工作区，主要用于加热室内再循环空气。

离心式暖风机用于集中输送大量热风，由于它配用离心式通风机，有较大的作用压头和较高的出口速度，比轴流式暖风机的气流射程大，送风量和产热量大。除用于加热室内再循环空气外，也可用来加热一部分室外新鲜空气。这类大型暖风机是由地脚螺栓固定在地面的基础上的，常用于集中送风供暖系统。

对于空气中含有较多灰尘或含有易燃易爆气体、粉尘和纤维而未经处理时，从安全卫生角度考虑，不得采用再循环空气。

此外，由于空气的热惰性小，房间内设置暖风机进行热风供暖时，一般还应适当设置一些散热器，以便在非工作班时间，可关闭部分或全部暖风机，并由散热器散热维持生产工艺所需的最低温度（不得低于5℃），实现值班供暖。

（二）暖风机的选择计算

暖风机热风供暖设计，主要是确定暖风机的型号、台数、平面布置及安装高度等。暖风机的台数 n 可按下式确定：

$$n = \frac{aQ}{Q_j} \tag{2-6}$$

式中：Q ——建筑物的热负荷，W；

Q_j ——单台暖风机的实际散热量，W；

a ——暖风机的富裕系数，a 取 1.2~1.3。

暖风机的安装台数一般不宜少于 2 台，也不宜太多。

产品样本中给出的暖风机的散热量 Q_0 是指暖风机空气进口温度 t_j 等于 15℃时的值，若实际或设计空气进口温度值不等于 15℃时，其散热量 Q_j 可换算为：

$$Q_j = \frac{t_p - t_j}{t_p - 15} Q_0 \tag{2-7}$$

小型暖风机的射程，可估算为：

$$S = 11.3 v_0 D \tag{2-8}$$

式中：S ——气流射程，m；

v_0 ——暖风机出口风速，m/s；

D ——暖风机出口的当量直径，m。

（三）暖风机的布置

暖风机的布置方案随使用条件不同，可以是多种多样的。

1. 轴流式（小型）暖风机

应使房间温度分布均匀，暖风机射程应互相衔接，暖风射流应保持一定的断面速度，室内空气的循环次数不应少于 1.5 次/h。

暖风机应避免安装在外墙上垂直向室内送风，以免加剧外窗的冷风渗透量。其安装高度是指其出风口距地面的高度。这个高度的确定受送风温度和出口风速值的影响。当送风温度较低时，热射流自然上升趋势有所减弱，从而有利于房间下部加热，暖风机的安装高度也可适当升高。但暖风机的送风温度也不能过低，一般取为35~50℃，以避免使人有吹冷风的感觉。当出口风速较大时，为保证工作区空气流速不会太高，暖风机的安装高度需适当提高。当出口风速小于5m/s时，暖风机出口离地面的高度一般为2.5~3.5m；当出口风速在5m/s以上时，其安装高度为4~4.5m。

2. 离心式（大型）暖风机

大型暖风机的风速和风量都很大，应沿房间长度方向布置。出风口距侧面墙不宜小于4m，气流射程不应小于房间供暖区的长度，在射程区域内不应有构筑物和高大设备。暖风机不应布置在房间大门附近。

离心式暖风机出风口距地面的高度，当房间下弦高度不超过8m时，取3.5~6m；当房间下弦高度大于8m时，取5~7m。吸风口距地面不应小于0.3m，且不应大于1m。

集中送风的气流不能直接吹向工作区，应使房间生活地带或作业地带处于集中送风的回流区，工作区的风速一般不大于0.3m/s，送风口的出口风速一般可采用5~15m/s，送风温度一般取为30~50℃，不得高于70℃。

此外，设于暖风机送风口处的导流板构造和倾角，对暖风机安装高度也有相当的影响，安装高度和送风温度高时，导流板应向下倾斜。

二、疏水器

疏水器应用于蒸汽供暖系统，其作用是排出管道和用热设备中的凝结水，阻止蒸汽逸漏。在排出凝水的同时，排除系统中积留的空气和其他非凝性气体。疏水器的工作状况直接影响蒸汽供暖系统的可靠、经济和稳定运行。

（一）疏水器的类型

根据作用原理，疏水器分为机械式、热动力式和热静力式。

①机械式疏水器依靠疏水器内凝结水液位变化进行动作，这类疏水器有浮筒式、吊桶式、浮球式等。

②热动力式疏水器是靠蒸汽和凝结水流动时热动力特性不同来工作。脉冲式、圆盘式、迷宫式都属于热动力式疏水器。

③热静力式疏水器利用疏水器内凝结水温度变化来排水阻汽，又称恒温式，主要有波纹管式、双金属片式、液体膨胀式、温调式等类型。

1. 浮筒式疏水器

浮筒式疏水器属于机械式。它是利用浮筒内外凝结水的液位高低产生的浮力变化，使浮筒升或降，带动阀杆控制阀孔的启闭。凝结水进入浮筒内积聚到一定量，浮筒因凝水重力而下沉，使阀孔打开，凝水借蒸汽压力排到凝水管中；浮筒内凝水减少，浮筒上浮，阀孔关闭，凝水继续进入浮筒。由于浮筒内的水封作用，系统内的空气不能随凝水一起排放，需要设置专门的放气装置。

通过更换浮筒底部的重块，可适应不同凝结水压力和压差等工作条件。浮筒式靠重力作用，只能水平安装在用热设备下方。浮筒式疏水器在正常工作情况下，漏气量很小，能排出具有饱和温度的凝结水，减小二次汽化。排水孔阻力较小，可满足余压回水较高背压的需求。它的主要缺点是体积大、排凝结水量小、活动部件多、筒内易沉渣结垢、阀孔易磨损、会因阀杆卡住而失灵，维修量较大。

2. 热动力式疏水器

热动力式疏水器体积小、重量轻、结构简单、安装维修方便、排除空气较容易，其自身还具有逆止阀的作用，可阻止凝结水倒流。其缺点是：有周期性漏气现象；在凝水量小或前后压差过小（$p_1-p_2<0.5p_1$）时，会发生连续漏气；当周围环境温度较高时，其控制室内蒸汽凝结缓慢，阀片难以打开，会使排水量减小。

圆盘式疏水器是热动力式疏水器的一种，其工作原理是：当过冷的凝结水流入孔 A 时，靠圆盘形阀片上下的压差顶开阀片 2，水经环形槽 B，从向下开的小孔 C 排出。当凝水带有蒸汽时，蒸汽在阀片下面从 A 孔经 B 槽流向出口，在通过阀片和阀座之间的狭窄通道时，压力下降，蒸汽比容急骤增大，造成阻塞，部分蒸汽从阀片 2 和阀盖 3 之间的缝隙挤入阀片上部的控制室，使阀片上部压力升高，迅速将阀片向下关闭阻汽。阀片关闭一段时间后，控制室内蒸汽凝结，压力下降，会使阀片瞬时开启。依靠阀片上下压力差，阀片落下和抬起，疏水器间歇排水，并形成周期性漏气。

3. 恒温式疏水器

恒温式疏水器内装有波纹管温度敏感元件，波纹管内部注有易蒸发的液体，当带有蒸汽的凝水到来时，较高的凝水温度使液体蒸发，波纹管受到内部液体蒸发压力的作用轴向伸长，带动阀芯，关闭凝水通路，防止蒸汽逸漏。没有排走的凝水在疏水器内散热而温度下降，使波纹管内液体的饱和压力下降，波纹管收缩，阀孔打开，排放凝水。恒温式疏水器用于低压蒸汽系统，流出的凝结水为过冷状态，减少二次汽化。

恒温式疏水器不宜安装在周围环境温度高的场合，为使疏水器前凝水温度降低，疏水器前 1~2m 管道不保温。

（二）疏水器的选择

疏水器应根据系统的压力、温度、流量等情况来进行选择。选择疏水器需要按实际工况的凝结水排放量和疏水器前后的压差，结合疏水器的技术性能参数进行计算，确定疏水器的规格和数量。

1. **疏水器排水量的计算**

疏水器的排水量计算与凝水温度有关。过冷凝水通过疏水器时，按不可压缩流体的孔口或管嘴淹没出流计算公式及实验数据，可进行比较准确的流量计算。当过热凝水流过疏水器孔口时，因压力突然降低，凝水被绝热节流，在通过孔口时开始产生二次汽化。二次蒸汽通过阀孔时，要占去很大一部分阀孔面积，致使排水量比排出过冷凝水时大为减少。

通常情况下，流过疏水器的是过热凝水，其排水量由厂家通过实验确定，在产品样本上提供各种规格型号疏水器的排水量。

2. **疏水器的选择倍率**

选择疏水器阀孔尺寸时，应使疏水器的排水能力大于用热设备的理论排水量，即

$$G_{sh} = KG_1 \tag{2-9}$$

式中：G_{sh}——疏水器设计排水量，kg/h；

G_1——用热设备的理论排水量，kg/h；

K——疏水器的选择倍率。

考虑到实际运行时负荷和压力的变化，用热设备在低压力、大负荷的情况下起动，或设备要求快速加热时，实际凝水量要大于正常运行时的凝水量，需要疏水器的排水能力比设计排水量加大。

三、调节控制装置

（一）调压板

当热源参数比较稳定，外网提供的压力超过用户系统的允许压力时，可在用户引入口供水干管上设置调压板，消耗系统的剩余压力。热水供暖系统的调压板可采用铝合金或不锈钢，蒸汽系统采用不锈钢材质，厚度一般为2~3mm，安装在两个法兰之间。

调压板只用于压力小于1 000kPa的系统中，为防止调压板孔口堵塞，调压板孔口直径不应小于3mm，调压板前应设置除污器或过滤器。

调压板孔径计算：

$$d = \sqrt{\frac{GD^2}{f}} \tag{2-10}$$

$$f = 23.21 \times 10^{-4} D^2 \sqrt{\rho p} + 0.812G \tag{2-11}$$

式中：d——调压板孔径，mm；

D——管道内径，mm；

p——需消耗的压力，Pa；

G——热水的质量流量，kg/h；

p——热水密度，kg/m^3。

调压板孔径不能随意调节，当其孔径较小时，易于堵塞。因此，调节管路压力也可采用手动或自动式调节阀门。

（二）截止阀

截止阀主要用来开闭管路，当热水供暖系统不大时，也可采用截止阀来调节消耗系统的剩余压力，其特点是节约投资，不易堵塞，便于维修。调压用截止阀应按下式计算：

$$d = 16.3\sqrt[4]{\zeta}\sqrt{\frac{Q^2}{\Delta p}} \tag{2-12}$$

式中：d——调压用截止阀内径，mm；

Q——热水的体积流量，m^3/h；

Δp——须消耗的压力，kPa；

ζ——截止阀局部阻力系数。

（三）平衡阀

平衡阀属于调节阀的范畴，它的工作原理是通过改变阀芯与阀座间隙（即开度），改变流体流经阀门的流通阻力，达到调节流量的目的。平衡阀主要用于较大规模的热水供暖系统和空调水系统，解决分支管路间的流量分配，因此管网系统中所有需要保证设计流量的各分支环路都应同时安装。

1. 平衡阀的类型

平衡阀分为静态平衡阀和动态平衡阀两类。

①静态平衡阀（数字锁定平衡阀）具有流量测量、调节和截断功能，并能通过排水口排除管段中的存水。阀上具有开度显示和开度锁定功能。静态平衡阀用于系统初调节，改变各分支管路的阻力，使各分支管路间的流量按设计要求进行分配。当系统中压差发生变化时，静态平衡阀的阻力系数不能随之改变，若仍需保持系统的水力平衡，则要重新进行手动调节。

②动态平衡阀在系统运行前一次性调节，当系统水力工况发生变化时，自动调整阀门开度，使控制对象流量维持稳定。根据控制参数的类型分为自力式压差控制阀和自力式流量控制阀，分别对压差和流量进行自动恒定。动态平衡阀有利于系统各用户和末端装置的自主调节，尤其适用于分户计量供暖系统和变流量空调系统。普通动态平衡阀仅对水力工况起到平衡作用，当选用带电动自动控制功能的动态平衡阀时，则可代替电动三通或二通阀，同时实现水力平衡和负荷调节的双重功能。电动自动控制动态平衡阀的阀芯由电动可

调部分和水力自动调节部分组成，前者依据负荷变化调节，后者按不同的压差调节阀芯的开度，适用于系统负荷变化较大的变流量系统。

2. 平衡阀的选用

平衡阀的规格应按热媒设计流量、工作压力及阀门允许压降等参数经计算确定。与其他普通阀门的选择不同，平衡阀的选用不能仅以管径确定平衡阀的公称直径。平衡阀的选择需要通过计算得出阀门系数，对照厂家产品样本提供的平衡阀的阀门系数，选择符合要求规格的平衡阀。

平衡阀的阀门系数是，当平衡阀全开，阀前后压差为 $1\mathrm{kg/cm^2}$（100kPa）时，流经平衡阀的流量值（$\mathrm{m^3/h}$）。若已知设计流量和平衡阀前后压力差，平衡阀的阀门系数 K_v 可由下式求得：

$$K_v = 10a = \frac{q}{\sqrt{\Delta p}} \tag{2-13}$$

式中：K_v ——平衡阀的阀门系数；

q ——平衡阀的设计流量，$\mathrm{m^3/h}$；

a ——系数，由厂家提供；

Δp ——阀前后压力差，kPa。

平衡阀全开时的阀门系数相当于普通阀门的流通能力。如果平衡阀开度不变，则阀门系数 K_v 不变，即阀门系数 K_v 由开度而定，同一阀门，不同的开度，会有不同的阀门系数。

3. 平衡阀的安装

平衡阀可安装在每个环路的供水管或回水管上，每一环路中只需安装一个，为了保证供水压力不致降低，建议最好安装在回水管上。其安装位置应保证阀门前后有足够的直管段，没有特别说明的情况下，阀门前直管段长度不应小于 5 倍管径，阀门后直管段长度不应小于 2 倍管径。安装在水泵总管上的平衡阀，宜安装在水泵出口段，不宜安装在水泵吸入段，以防止压力过低，导致发生水泵气蚀现象。由于平衡阀关闭性能十分可靠，不必再安装其他起关闭作用的阀门。平衡阀不应随意变动阀门开度，当系统增设或取消环路时应重新调试整定。

4. 散热器温控阀

散热器温控阀通过改变进入散热器的热水流量来控制散热器的散热量。它由感温元件控制器和阀体两部分组成。当室内温度高于设定值时，感温元件受热膨胀压缩阀杆，将阀门关小，减少进入散热器的热水流量，散热器的散热量减小以降低室内温度。当室内温度下降到低于设定值时，感温元件收缩，阀杆靠弹簧的作用收回，使阀门开大，进入散热器的热水流量增加，使室内温度升高。

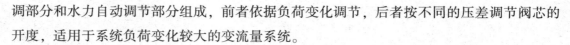

散热器温控阀安装在双管或单管跨越式系统每组散热器的进水管上，或分户供暖系统的总入口进水管上。应确保传感器能感应到室内环流空气的温度，传感器不得被窗帘盒、暖气罩等覆盖。由于温控阀阻力过大（阀门全开时，阻力系数ζ达18.0左右），用于单管跨越式系统时，会使得通过跨越管的流量过大，设计时要加以注意。

除了散热器自动恒温阀外，还有一种散热器手动温控阀，这种装置不具备自动恒温控制能力，主要靠人为调节，对室温的控制有滞后性，在温控节能和热舒适性方面远不如自动恒温阀，但其价格较便宜，可在受经济条件限制、要求不高的建筑物热水供暖系统中使用。

四、供暖系统附属设备

（一）膨胀水箱

在闭式热水供暖系统中，通常需设置膨胀水箱，其作用是容纳系统中水受热后所增加的水量，同时利用水箱架设高度所产生的静水压力来维持系统压力稳定。在有些系统中，膨胀水箱还具有排除系统中空气的作用。

膨胀水箱一般用钢板制成，常用的有圆形和矩形两种。水箱上连接有膨胀管、溢流管、排水管、信号管和循环管。膨胀管将膨胀水箱与系统相连，系统加热后增加的膨胀水量通过膨胀管进入膨胀水箱，系统停止运行水温降低后，膨胀水箱的水又通过膨胀管回馈到系统，使系统不发生倒空。为了防止偶然关闭阀门使系统内压力过分增高而发生事故，膨胀管上不允许安装任何阀门。溢流管将水箱溢出的水就近排入排水设施中，溢流管上也不允许设置阀门，避免阀门关断后，水充满水箱后从水箱盖的缝隙溢流到顶棚内。排水管在清洗、检修时用来放空水箱内的水，需装设阀门，平时关闭。信号管用于检查膨胀水箱的充水情况，应接至便于管理人员观察控制的地方，信号管末端需装设阀门，平时关闭，检查时打开阀门，若没有水流出，表明膨胀水箱内水位未达到最低水位，需要向系统补水。也可以采用在膨胀水箱内用浮球阀来控制水位，代替信号管。循环管与膨胀管一起构成了自然循环环路，膨胀水箱中的水通过该环路形成缓慢流动，防止冻结。

（二）排气装置

热水系统充水运行前，系统中充满了空气，在运行初期冷水中的溶解气体受热后析出也使系统含有空气，为了使水在系统中正常流动，热水供暖系统必须及时迅速地排除系统内的空气。膨胀水箱在某些系统中可用来排气，其他形式的系统则需要在管道上安装集气罐或手动、自动放气阀排除系统中的空气。排气装置一般设于系统末端最高处，干管应向排气装置方向设上升坡度，以使管中水流与空气气泡的浮升方向一致，有利于排气。当安装困难，干管需顺坡敷设时，要适当加大管径，使管中水流速不超过 0.2m/s，小于气泡浮升速度，使气泡不会被水流带走。

1. **集气罐**

集气罐一般是用直径 100~250mm 的钢管制成，分为立式和卧式两种。顶部连接有直径 DN15 的排气管，排气管另一端引至附近的排水设施，并装有排气阀。当系统充水时，应打开排气阀，直至有水排出后关闭阀门。系统运行期间，定期打开排气阀，将热水中分离出来集聚到集气罐中的空气排到大气。

集气罐的直径应为干管直径的 1.5~2 倍，使集气罐中水的流速不超过 0.05m/s，集气罐有效容积可按膨胀水箱有效容积的 1%确定。

2. **自动排气阀**

自动排气阀种类很多，大多是依靠水对浮体的浮力，通过杠杆机构传动力，使排气孔自动启闭，实现自动阻水排气的功能。

立式自动排气阀。当阀内无空气时，阀体中的水将浮子浮起，杠杆机构动作将排气孔关闭，阻止水流通过；当系统内的空气经管道集聚到阀体内的上部空间时，空气压力使阀体内水面下降，浮子随之下落，排气孔打开，自动排除空气。空气排除后，浮子又随水面上升而浮起，排气孔重新关闭。

3. **手动排气阀**

在水平式或下供下回式系统中，常采用安放在散热器上部的手动排气阀进行排气。手动排气阀，适用于公称压力不大于 600kPa，工作温度不超过 100℃ 的热水或蒸汽供暖系统的散热器上。

（三）除污器

除污器的作用是用来清除和过滤管路中的杂质和污物，以保证系统内水质的洁净，减少阻力和防止管道、设备堵塞。除污器一般安装在用户引入口供水总管的调压装置前、冷热源机房循环水泵的吸入口前和各种换热设备前；另外，在一些小孔口的阀前（如自动排气阀等）也宜设置除污器或过滤器。

除污器为钢制筒体，有立式直通、卧式直通和卧式角通 3 种，其型号按接管直径确定。

除污器前后应装设阀门，并设旁通管供定期排污和检修使用。当安装地点有困难时，可采用体积小、不占用使用面积的管道式过滤器。但是，应注意除污器和过滤器的安装方向，不允许装反。

第三节 供暖系统分户热计量

一、供暖系统分户热计量概述

为了满足供暖商品化的要求，增强用户节能意识，降低供暖系统能耗，国家规定在进行居住建筑室内供暖系统设计时，设计人员应考虑按户计量和分室控制温度的可能。实行分户热计量首先需要保证良好的供暖质量，要求供暖系统运行状况良好，系统还应能按用户需求调节供暖量大小，以适应用户对室内温度变化的要求，并能在用户不需要供暖时，按用户要求暂时关闭室内系统。另外，分户热计量系统还应便于供暖部门维护和查表，可根据用户用热多少来计量收费。

分户热计量系统的热负荷遵循前述负荷计算的一般原则和方法。但在具体计算时，需要注意以下几个方面。

（一）室内设计温度

实施分户计量后，热作为一种商品，应能满足不同用户的不同需求。用户的生活习惯、经济能力、对舒适性的要求不尽相同，因而分户热计量系统的室内设计计算温度宜比常规供暖系统有所提高，允许用户按自己的要求对室温进行自主调节。通常分户热计量系统室内设计计算温度值比常规供暖系统室内计算温度提高 2℃，如此计算出的设计热负荷将相应增加 7%~8%。

（二）户间传热计算

按照供暖热负荷计算原则，当相邻房间温差大于或等于 5℃时，应计算通过隔墙或楼板的传热量。由于用户对室内温度控制的可调节性及供热量大小的不确定性，导致相邻房间温差值难以事先预测，由此产生的户间传热热负荷亦难以准确地计算。对于户间传热温差目前还没有统一的计算方法，不同城市所采用的值有所不同。主要有两种计算方法：第一种方法按相邻房间实际可能出现的温差计算传热量，再乘以可能同时出现的概率；第二种方法按常规方法计算出的热负荷再乘以一个附加系数。

（三）户间围护结构热阻

户间传热热负荷的大小受户间围护结构传热阻的影响。提高户间隔墙、楼板的保温隔热性能，将减小通过内围护结构传递的热量，从而减小房间热负荷，但增加内围护结构热阻，采用保温措施，会增加建造成本，使建筑费用增加。因此，需要对内围护结构的保温进行热工性和经济性分析，确定其最小经济热阻。

二、常用分户热计量系统形式

分户热计量供暖系统的系统形式应能够便于用户灵活的调节控制户内系统，提供方便有效的计量措施，并具有良好的运行效果。

（一）立管系统及用户入口

从调节、运行效果和维护管理等方面考虑，双管式系统较适合于分户热计量供暖系统。如前所述双管式系统也有多种形式，其中下供下回异程式系统，上层循环环路长阻力大，可抵消上层较大的重力作用压力，而下层循环环路短、阻力小，下层的重力作用压力也较小，从而可缓解垂直失调。在相同条件下可首选下供下回异程式双管系统。为了减少垂直失调的影响，通常规定垂直双管式系统高度不超过3层建筑，而对于安装了温控阀和热量表的系统，用户系统的压降由于温控阀和热量表的阻力而增加，各楼层自然作用压力差相对用户压降而言较小，从而自然作用压力差对系统工况的影响较小，双管式系统的楼层数可不再严格限制。

分户热计量系统可采用共用立管，新建建筑可将供、回水立管及各户引入口装置设置在共用空间的管道井内，管道井须设置检修和查表用的检查门；既有建筑供暖系统的改造受空间限制可不设管道井，将立管和引入口装置直接置于楼梯间内，并采取保温、保护措施。用户入口装置应设有热量计量表、过滤器，并在供水管上安装锁闭阀，在需要时可切断用户系统。

（二）用户系统

对于户内的系统，宜采用单管水平跨越串联或双管水平并联，每组散热器上设置温控阀，灵活调节室温，热舒适性较好，若不对每组散热器进行温度控制也可采用单管水平串联。双管系统变流量特性和调节特性要优于单管跨越式系统，但双管式系统需要供、回水两根干管，有时不便于敷设。根据水平干管的敷设位置有上分式和下分式两类。上分式供、回水干管明设时可在天花板下沿墙敷设，暗设时可敷设在顶棚内；下分式室内水平管路明设时可沿踢脚线敷设，暗设时可设在本层地面下的沟槽内或垫层内，也可镶嵌在踢脚线内。当然也可以根据具体情况设计成其他满足计量要求的系统形式。

（三）原有系统改造

在既有建筑供暖系统中，有一些是传统的上供下回式垂直单管或垂直双管式系统，这类系统不能满足分户计量的要求，也不能满足分室调节的需要，这些系统需要进行改造。

对于垂直单管顺流式系统可加装跨越管，使之构成单管跨越式系统，通过在每户散热器上安装温控阀和热量分配表，在建筑物热力入口处安装热量总表，实现温度调节和热计量。

对于垂直双管系统，可直接在每组散热器入口处安装温控阀和热量分配表进行热量的调节和计量。

三、分户热计量装置

热量的计量仪表按计量原理不同可分为两大类：一类是热量表；另一类是热量分配表。

（一）热量表

热量表由热水流量计、温度传感器和积算仪三部分组成。流量计有超声波式、磁力式和机械式等多种类型，用来测量流经散热设备的热水流量；温度传感器采用铂电阻或热敏电阻，用以测量供水温度和回水温度，进而确定供、回水温差；积算仪（也称积分仪）配有微处理器，根据流量计和温度传感器提供的流量和温度数据，计算得出热水供暖系统提供给用户的热量。通过热量表，用户可直接观察到使用的热量和供、回水温度，有些智能化热量表还具有热费显示和系统锁定功能。热量表电源有直流电池和交流电源两种。

（二）热量分配表

热量分配表不能直接计量用户的用热量，它是通过测量各散热设备的散热比例，配合总热量表所测得的建筑物总热量数据，计算出各组散热器散热量来达到分户热计量的目的。热量分配表构造简单、成本低廉、安装方便，常用于既有建筑传统供暖系统实行分户热计量。传统的供暖系统常采用垂直式敷设方式，每户往往有数根立管分别通过各个房间，构成数个环路与系统相连，分户热计量需要对每个环路进行计量。如果采用热量表的计量方式，需要安装多套热量表装置，使系统过于复杂，且费用昂贵。对于这类传统供暖系统可采用在每组散热器上加装热量分配表，再结合设置于建筑物引入口的热量总表，实现分户热计量。

热量分配表有蒸发式和电子式两种。

①蒸发式热量分配表：主要包括导热板和蒸发液。蒸发液是一种带颜色的无毒化学液体，将充有该蒸发液的细玻璃管装在透明的密闭容器内，容器表面标有刻度，与导热板组成一体紧贴散热器安装。散热器表面将热量最终传递到蒸发液，使管中的液体逐渐蒸发而使液体液面下降，从容器壁标的刻度可读出蒸发量，从而得到散热器散热量百分比。

②电子式热量分配表：是在蒸发式热量分配表的基础上发展起来的，其功能和使用方法与蒸发式热量分配表相近。电子式热量分配表需同时测量室内温度和散热器表面温度，利用二者的温差确定散热器的散热量。该仪表具有数据存储功能，可现场编程随时自动检测和存储散热值，并可将多组散热器的温度数据引至户外的存储器，为管理工作提供了方便。电子式热量分配表计量方便、准确，适用于任何形式的供暖系统，但价格高于蒸发式热量分配表。

第三章　建筑通风

第一节　建筑通风的基本知识

一、主要空气污染物及其危害

（一）室内空气污染的成因

室内空气污染的成因十分复杂，就其污染源而言，有外部的和内部的，有自然的和人为的，有设计、施工安装方面的，也有使用、管理方面的。室内空气污染物种类极其繁多，可分为固体尘粒、微生物和有害气体。这些有害物源源不断地发散，并与室内外空气相掺混，如不加以滤除，则可导致室内空气环境遭受污染。一般认为，室内空气污染物主要源于内部：建筑围护结构及其表面材料、室内清洁状况、室内人员及其活动、室内设备与陈设、生产工艺过程与设备、暖通空调设备与系统。另外，室外大气由于自然及人为的环境污染而含有一定量的灰尘、烟雾、花粉、微生物、二氧化碳、硫化物、氮氧化物和挥发性有机化合物等空气污染物质。这些污染物主要伴随暖通空调系统的新风供应或经建筑外围护结构不严密处的渗透风进入室内，其危害程度随外部环境污染状况而有所不同，并与室外气象条件、新风状况和过滤处理的合理性等有关。

（二）一般建筑中空气污染物及其危害

在各种建筑物中，在室人员本身就是一个重要的污染源。人体在呼吸过程中要排出 CO_2，机体活动及新陈代谢过程中会散发汗臭、体臭，或在体表留下大量生理废物。吸烟产生大量 CO、CO_2、有机化合物和颗粒状烟雾，对空气环境造成严重污染。厨房、厕所则通常是异味、臭气的发生源。现代建筑中的室内装饰及家具、陈设日益广泛地采用有机合成材料，不仅散发大量的 VOC、甲醛、氡、NH_3等气体，其表面产生或黏附的灰尘也会随风飞扬，从而成为空气的主要污染源。人们日常使用的办公设备、生活器具、空调设备与系统，均会不同程度地散发 VOC、CO_4、NO_2、氡、甲醛及浮游尘粒、细菌和其他微生物粒子，这使得建筑内部污染问题变得更加复杂。

（三）工业建筑主要空气污染物及其危害

在工业建筑中，空气污染物主要是伴随生产工艺过程产生的。在化工、造纸、纺织物漂白、金属冶炼、浇铸、电镀、酸洗、喷漆等生产工艺过程中，均会产生大量的有害蒸汽和气体。这类工业有害物通过人的呼吸或与人体外部器官接触，对人体健康造成极大危害。例如，在汞矿石冶炼及用汞的生产过程中产生的汞蒸气就是一种剧毒物质，当其进入人体后会导致危及消化器官和肾脏的急性中毒症状，还会在神经系统方面造成慢性中毒症状；蓄电池、橡胶、红丹等生产过程产生的铅蒸气，进入人体后也会引起急性、慢性中毒，对消化道、造血器官和神经系统造成危害，严重时可能导致中毒性脑病；在燃料燃烧和一些化工如电镀等生产工艺过程中，会产生 CO、SO_2、NO_x及苯等有害气体或蒸汽，其中 CO 进入人体易引起窒息性中毒，SO_2对呼吸器官有强烈的刺激和腐蚀作用，NO_2会迅速破坏肺细胞，可能导致肺气肿和肺部肿瘤等，苯蒸气则通过呼吸或皮肤渗透进入人体，其中毒现象危及血液和造血器官。

粉尘是工业建筑中又一类主要的空气污染物。冶金、机械、建材、轻纺、电力等生产过程中，都会产生大量粉尘。这些粉尘主要来源于固体物料的粉碎、研磨，或粉状物料的混合、筛分、包装及运输，或物质燃烧以及物质蒸汽在空气中的氧化和凝结。粉尘是指能在空气中浮游的固体微粒，其粒径为 0. 1~200μm，生产车间产尘点的空气中粉尘粒径大多在 10μm 以下。粉尘主要经呼吸道进入人体，它对人体健康的危害与粉尘性质、粒径大小和进入的粉尘量有关。有些毒性强的金属粉尘进入人体后，会引起中毒甚至死亡，如铅尘易损坏大脑，造成人体贫血；锰、镉会损坏人的神经、肾脏、心肺；镍、铬可致癌。有些非金属粉尘如硅、石棉、炭黑等进入人体肺部后不能排除，会引起硅肺、石棉肺或尘肺等肺部疾病。粒径为 2~5μm 的粉尘大都阻留在气管和支气管中，而 2μm 以下的粉尘（通常份额亦大）能进入人体的肺泡，对人体的危害相对更大。

工业污染物不仅会对人体健康造成危害，同时会直接影响到工业生产与操作过程。空气中的浮游尘粒和微生物粒子即使浓度很低、粒径极小，也可能严重影响微电子器件、感光胶片、化学试剂、精密仪器和微型电机生产等洁净工艺过程，以及药物生产和手术、医疗等无菌操作过程。室内粉尘污染往往会导致产品质量降低或报废，严重时还可能影响能见度，从而干扰正常作业，甚至引起爆炸事故。当二氧化硫、氟化氢、氯化氢等气体遇到水蒸气时，会对金属材料、油漆涂层产生腐蚀。此外，各种工业有害物如不加控制地排放到室外，势必还会造成大气环境的污染。

二、主要通风方式

（一）按通风目的分类

1. **一般换气通风**

在一般民用与工业建筑（包括空调建筑）中，旨在治理主要由在室人员及其活动所产生的各种污染物，满足人的生命过程的耗氧量及其卫生标准所进行的通风。

2. **热风供暖**

通常是指在工业建筑中，将新风或混合空气经过滤、加热等处理，再送入建筑物内，用来补充或部分补充全部或局部区域的热损失，以改善其热环境为主要目的所进行的通风。

3. **排毒与除尘**

在建筑物内，着重治理在各种生产工艺过程中产生的有害气体、蒸汽与粉尘，为保障人体健康，维持正常生产所需环境条件所进行的通风。

4. **事故通风**

在建筑物内，为排除因突发事件产生的大量有燃烧、爆炸危害或有毒害的气体、蒸汽所进行的通风。

5. **防护式通风**

在人防地下室等特殊场所，以防御原子辐射及生化毒物污染，保障战时指挥、通信或医疗、救护等环境安全为目的所进行的清洁式通风、过滤式通风或隔绝式通风。

6. **建筑防排烟**

在建筑物内，为防止火灾时火势或烟气蔓延至走廊、前室及楼梯间等通道，以保证居民安全疏散及消防人员顺利扑救所设置的防烟与排烟设施。

（二）按通风动力分类

1. **自然通风**

自然通风是指不使用通风机驱动，而是依靠室外风力造成的风压和室内外空气温差所造成的热压驱使空气流动的通风方式。自然通风在各种建筑中均应予以优先考虑，尤其对于工业热车间是一种经济有效的通风方式。

2. **机械通风**

机械通风是指依靠通风机产生的压力驱使空气流动的一种通风方式。它是在特定建筑空间进行有组织通风的主要技术手段，也是绝大多数通风系统广泛采用的一种通风方式。

（三）按气流方向分类

1. 送（进）风

将室外新风或经必要处理后符合环控要求的空气经由通风管道等途径送入室内空间的通风方式。

2. 排风（烟）

从室内将各种污染物（包括火灾时产生的烟雾）随空气一道经由通风管道等途径排出室外的通风方式。该方式应根据有害物的种类、性质和含量等，决定是否对排出物进行必要的净化处理。

三、通风系统的设计要点

（一）通风系统的组成

通风系统原则上应由通风管道、通风机、空气处理装置、进排风口、风阀等几大部件组成。当然，随着系统类型的不同，各种通风系统的环境控制功能互有区别，其设备与部件的具体内容和形式也就大不相同。例如，局部排风系统中需配置各种排风罩、洗涤塔，工业除尘系统需配置集尘罩、除尘器，空调工程中的风系统则需配置空调机（器）等。

（二）通风系统的设计任务

在通风系统设计中，应根据不同环控对象的性质与要求，在合理确定其通风方式及系统划分的基础上，完成管道设计及关联设备、部件的配置，最终确保系统能够正常运行，并具有良好的技术经济性能。

1. 通风系统的划分

当建筑内在不同地点、区域有不同的送、排风要求，或者服务面积过大，送、排风点较多时，为便于运行管理，常需分设多个送、排风系统。一般说来，当通风服务功能相同，环控参数及空气处理要求基本一致，或者各区域处于同一生产流程、运行班次和运行时段时，可以划为同一系统。但是，按现行国家标准的强制性规定，凡属下述情况之一，都必须单独设置排风系统。

①两种以上有害物质混合后能引起燃烧或爆炸；

②两种以上有害物质混合后能形成毒害更大或具腐蚀性的混合物或化合物；

③两种以上有害物质混合后易使蒸汽凝结并积聚粉尘；

④散发剧毒物质的房间和设备；

⑤建筑内设有储存易燃、易爆物质或有防火、防爆要求的单独房间；

⑥有防疫的卫生要求时。

2. 通风管道系统设计

通风管道是通风系统中工作介质（空气或气溶胶）借以实现合理流动与传输、分配的重要部件。在保证服务对象空间的风量合理分配与环控要求的前提下，合理地确定管道的布置及其结构、尺寸等，以使系统的初投资和运行费用达到综合最优，这便是通风管道系统设计的目的所在。

（1）通风管道的布置与连接

通风管道的布置涉及通风空调系统总体布局的合理性和经济性，它与工艺、土建、电气、给排水工程等专业密切相关，设计中应注意各工种之间的协调配合。风道布置时应考虑以下因素：尽量缩短管线，减少管路分支，避免复杂的局部构件，由此获得便利施工、节省管材、减少系统阻力与能耗等效益。

通风管道可以采取明装或暗装方式，大多为架空布置，必要时可考虑地沟或地下室布置。民用建筑和部分工业建筑中的空调风道，考虑到美观方面的要求，常将其暗装于顶棚、技术夹层、内墙或架空地板中。风道暗装时，应设置必要的入孔和足够宽的检修通道。风道应尽量避免露天敷设；难以避免时，应尽量设在背阴处。对保温风道应采取妥善的防雨、防潮及防止太阳直接照射的措施。此外，应视传输流体特性考虑适当的风道坡度及排水措施。

风道及关联部件的布置应确保系统运行安全、可靠，调节控制方便、灵活。当系统服务于多个房间或大面积用户时，可将风道划分成若干组分支风道，并在分支管道前后配设调风阀。通风空调系统一般还应在适当位置按需装设必要的调控阀件，或预留一些测（温、压、浓度）孔。事故通风应根据放散物的种类设置相应的检测、报警及控制系统，其手动控制装置应在室内外便于操作的地点分别设置。应特别注意，通风空调管路系统布置及其关联阀件的设置必须符合国家现行建筑设计防火规范的各种规定。可燃气体管道、可燃液体管道和电线等不得穿过风道内腔，也不得沿风管外壁敷设。

从减少系统阻力与动力消耗的角度考虑，必须充分注意局部构件的形式及连接的合理性（尽量减少涡流）。风道弯头应尽量采用大的曲率半径 R，通常应保持 $R \geqslant 1.5B$（B 是矩形风道宽度或圆形风道直径）。当 R 较小时，应装设导流叶片。风道渐扩管的扩张角应尽量小于 20°，渐缩管的收缩角则应尽量小于 45°。

风机进出口处动压很大，若不正确处理其连接方式，将会引起很大的压力损失。应尽量使风机出口处有长度为出口边长 1.5~2.5 倍的直管段，以减少涡流。如果受空间限制，出口管道必须立即转弯时，其转弯方向应顺着风机叶轮转动的方向，或在转弯中加装导流叶片。风机进口管段也要注意减少涡流，通常在进口弯管（或进风箱）中加装导流叶片。此外，风机的叶轮轴线应与空气处理室的断面中心对准，以免气流偏心造成风速不均匀。

此外，为减少振动和噪声，在风道与通风机等运转设备的连接处应装设挠性接头；用于输送高温介质的风管，应采取适当的热补偿措施。

（2）进、排风装置的设置

①进风装置（进风口）：进风装置（进风口）多指通风空调系统用以采集室外新风的部件。根据不同的具体条件和要求，进风装置可以是设在地面或屋顶的进风塔（小室），也可以是开设在外墙上的百叶风口或窗口。室外进风装置的设置除应注意防止雨雪、异物进入外，更重要的是保持进风的清洁，不被污染。具体应满足下列要求。

a. 设在室外空气较清洁的地方，空气中有害物浓度不应大于室内工作地点最高容许浓度的 30%；

b. 尽量布置在排风口的上风侧，且高度应低于排风口；

c. 进风口底部距室外地坪不宜低于 2m；当布置在绿化地带时，进风口不宜低于 1m；

d. 降温用通风系统的进风口宜设在建筑的背阴处。

②排风装置（排风口）：排风装置（排风口）多指通风空调系统向室外排放污浊空气的部件，也包括室内的各种排（回）风口及各种吸气、吸尘装置。室外排风装置的设置形式类似进风装置，为了确保排风效果（尤其对于自然通风），通常应在排风口处装设风帽，且出口风速应保持不低于 1.5m/s。此外，还应满足下列要求。

a. 一般情况下，通风排气立管至少应高出屋面 0.5m；

b. 通风排气中的有害物质须经大气扩散、稀释时，排风口应位于建筑空气动力阴影区和正压区以上；

c. 对于排除有害气体或含有粉尘的通风系统，其排风口上宜设置锥形风帽或防雨风帽；

d. 对于要求在大气中扩散、稀释有害物的通风排气，其排风口上不应设置风帽，应在排风管上装设排水装置，以防雨水进入风机。

（3）通风管道材料与断面选择

按照现行暖通空调设计规范的规定，通风空调系统的风管应采用不燃材料制作；接触腐蚀性气体的风管及柔性接头可采用难燃材料制作。在一般民用与工业建筑中，通风空调系统的管道材料通常采用薄钢板（包括镀锌或非镀锌钢板），钢板厚度一般在 0.5~4mm。对有严格净化标准等特殊要求的工程，也可采用铝板或不锈钢制作。近年来，国内外还推出诸如玻璃纤维、无机硅酸盐等新型风道材料，用以制作的各种“复合型”风道往往兼具防火、防腐、吸声及保温等多种功能。在大型民用建筑、体育馆、影剧院、隧道和纺织厂等建筑的空调工程中，通常还可以用砖或混凝土作为风道材料，利用建筑空间组合成通风管道。这种做法往往可以获得较大的风道断面，风速较低；还可以利用风道内壁衬贴吸声材料，达到消声的目的。在一些有严格防腐蚀要求的场合，通常采用硬聚氯乙烯塑料板、塑料复合钢板或玻璃钢板制作成通风管道。这类风道制作方便、表面光滑、耐腐蚀性好，但造价较高。

（4）通风管道的保温、隔热

为了减少空气在风道输送过程中的冷、热量损失，防止低温的风道表面在温度较高的房间内结露，或者防止输送潮热、含有可凝物介质的风道内表面在低温环境下结露，风道系统需要考虑采用保温、隔热的措施。

风道保温材料应遵循“因地制宜，就地取材”的原则，选取保温性能好、价格低廉、易于施工和经久耐用的材料。选择时具体考虑下述因素。

①导热系数小，价格低，二者的乘积宜最小。

②尽量采用密度小的多孔材料。

③吸水率低且耐水性能好。

④抗水蒸气渗透性能好。

⑤保温后不易变形，并具有一定的抗压强度。

⑥不宜采用有机物和易燃物。

风道保温材料种类很多，常用的有超细玻璃棉、离心玻璃棉、矿棉、聚苯乙烯或聚氨酯泡沫塑料等板材、卷材，以及软木、蛭石板等。它们的导热系数为 0.05~0.15W/（m·℃），厚度多为 25~50mm，通过保温管壁的传热系数一般控制在 1.84W/（m^2·℃）以内。风道保温厚度通常应根据材料种类、保温目的计算其经济厚度，再按其他要求进行校核。对于一些新型保温材料，亦可按其产品技术资料提供的方法进行处理。

风道的保温结构应合理，通常应包括管壁防腐层（一般钢板风道内外表面需刷防腐漆）、保温层、防潮层和保护层。软木、蛭石板可由表面刷沥青后与风道壁面相黏结；聚苯乙烯等板材可用胶合剂黏结；聚氨酯泡沫塑料和超细玻璃棉等柔性材料可直接包扎。对暗装的风道可在保温层外涂沥青作为防潮层，不再加保护层。视具体情况不同，也可分别采用玻璃丝布、塑料薄膜、加筋铝箔、木板、胶合板、铁皮或水泥等材料作为保护层。

（5）通风管道系统的水力计算

通风管道系统的水力计算是在管道及其关联构件、各送排风点和通风机、空气处理设备布置以及管材、设计风量分配等已经确定的基础上进行的，其目的是确定各管段的断面尺寸和空气的流动阻力，保证系统达到要求的风量分配，并为通风机配置和绘制施工图提供技术依据。在空调系统中，通风机通常是随空气处理设备配套供应的，其水力计算的任务则着重于对既有风机的性能进行校核。

通风管道系统水力计算的方法很多，如假定速度法、等压损法、当量压损法和静压复得法等。在一般的通风系统设计中，应用最为普遍的是假定流速法和等压损法。

假定流速法的特点是以管道内的空气流速和设计风量作为控制指标，据此计算出各管段的断面尺寸和气流流动阻力。在获得系统总的压力损失之后，再对各环路的压力损失进行平衡调整。应用该方法进行通风系统水力计算的步骤和方法如下。

①绘制通风（或空调）系统的轴测图，对各管段编号，并分别标出其长度和通风量。

②选择合理的空气流速。管道内的空气流速应采用经全面技术经济比较后所确定的“经济流速”。

③按“最不利环路”计算风道系统的压力损失。根据各管段风量和选定流速确定管径或断面尺寸，同时计算其摩擦阻力和局部压力损失，进而确定系统总压力损失。

④对管段中的并联分支环路进行压力平衡计算。一般通风系统要求各并联环路的压力损失相对差额不超过 15%，除尘系统不超过 10%。当并联支管压力损失差超过上述规定时，可通过调整支管管径、增大排风量或增加支管压力损失（设置风阀）等方法实现并联环路的压力平衡。

3. 通风机的配置

正确选配通风机是保证通风系统正常而又经济运行的一个重要环节。通风机的选择主要是根据被输送流体的性质和用途选用不同类型，使其使用中能满足系统风量、风压的要求，并能维持在较高效率范围内运行。

（1）通风机的类型与特点

通风机是通风系统中用以驱动流体流动的设备，其类型是多样的。通常可按通风机的作用原理，将其分为离心式、轴流式、贯流式和混（斜）流式等类型，或者按其用途分为一般用途、排尘用、防爆型、防腐型、屋顶型、消防排烟或高温专用型通风机，还可按其转速分为单速通风机和双速通风机。从制造材料来看，通常采用钢板，必要时也可采用铝、铜、不锈钢、塑料、玻璃钢等材料。通风空调系统中使用较多的是钢制离心通风机和轴流通风机。

①离心式通风机：离心式通风机运转时，气流自轴向吸入，随叶轮旋转获得能量，再经蜗壳压出。根据风机提供的全压值大小，离心风机可分为高、中、低压三类。其中低压（$p < 1\,000\text{Pa}$）风机多用于一般通风空调系统，中压风机（$p = 1\,000 \sim 3\,000\text{Pa}$）则适用于除尘系统及管网复杂、阻力较大的通风系统。

离心式通风机的叶片结构有前向（弯曲）式、后向（弯曲）式和径向式这几种。在同样输送风量下，前向叶片式较后向叶片式风机风压更高；对于窄轮多叶前向式叶片，在低速运转时噪声低，适宜用于空调风系统。后向叶片风机在这 3 种叶片结构的风机中风压最低，尺寸较大，但其效率高、噪声低；当其采用中空机翼形叶片时，效率可达 90% 左右，因而通风空调系统也普遍加以采用。径向叶片风机性能介于前向叶片和后向叶片风机之间，叶片强度高，结构简单，不易粘尘，便于更换与修理，适宜输送含尘气体。

②轴流式通风机：轴流式通风机运转时，气流自轴向吸入，经旋转叶片增压后仍沿轴向向前排出。根据风机提供的全压值大小，常用轴流通风机分为低压（$p<500\text{Pa}$）和高压（$p\geqslant 500\text{Pa}$）两类。按照风机的安装形式，可以分为岗位式、壁面嵌装式、吊装（或贴壁）接管式和落地式等。轴流通风机通常采用机翼形叶片，也可采用板形等叶片，有些轴流风机叶片安装角是可调的，借以改变其性能。

轴流式通风机产生的风压低于离心通风机，但可以在低压状态下输送大量的空气。同时，轴流式通风机产生的噪声通常也比离心式通风机要高。从运行特性来看，轴流通风机流量–压力曲线较陡，零流量时风压最大，所需功率也最大，同时它的最佳工作范围较窄，在脱离设计工况的低流量下效率下降很快。因此，轴流风机应当在管路畅通的条件下启动，在其通风系统中也不宜借助风阀调节流量。近年来在轴流风机基础上开发出的一种射流通风机，与普通轴流通风机相比，在相同功率下可使风量增加 30%～50%，风压增高约 2 倍，并且还具有可逆转特性，尤其适合用于各种隧道的换气通风。

③其他类型的通风机：混流式或斜流式通风机是暖通空调行业在传统通风设备基础上研究、开发出的新一代通风机产品。这种通风机综合了前述离心式通风机和轴流式通风机的若干特点，迄今在建筑消防排烟等工程领域已有广泛应用。

（2）通风机的性能

通风机的主要性能参数包括风量 L、风压（全压）p、转速 n、电机功率 N 和全压效率 η 等。通风机产品样本和铭牌上给出的特性参数值通常是在标准状态下的实验测定值，当实际使用中流体的密度、风机的转速或叶轮直径等发生变化时，应对各性能参数进行换算。

如果通风系统设计要求的风量很大或风压很大，确实必要时，可以在系统中分别采用风机的并联或串联方式，实现风机联合运行。通常宜采用型号相同的两台风机并联工作，由总的性能曲线可知，每台风机的风量较之其单独工作时的风量有所减少，并且只有在特性曲线较为平坦的管网中才利于发挥并联作用。通风机串联工作时，分析总的性能曲线可知，总的风压增加，同时风量有所增加，但风压增加的程度是有限的。因此，只有在系统中风量小而阻力大的情况下，采用风机串联才是合理的，工程实践中一般并不推荐这种联合工作形式。

（3）通风机的运行调节

通风机运行时工况点的参数是由风机性能曲线与管网特性曲线共同决定的。但是，用户需要的风量可能经常变化，这就提出了运行工况的调节问题，即采用一定的方法改变风机性能或管路特性，从而满足用户对风量变化的要求。

第二节　全面通风

全面通风是以建筑内部整个服务空间（房间）为对象，并主要利用高品质空气的稀释、置换作用实现通风换气的一种环控技术。它要求将大量新风或经过处理的清洁空气均匀地送至室内各处，或者将室内污浊空气全面地加以排除，从而保证室内空气环境达到国家现行有关卫生标准的要求。

一、全面通风的设计原则

建筑全面通风的实施既可采用自然方式，亦可采用机械方式。针对某一特定服务区域，可以考虑采用某种单一通风方式，也可以考虑多种通风方式的组合，例如机械进风加机械排风；机械排风，门窗自然渗入新风；机械送风加局部（机械或自然）排风；机械排风加空气调节；空气调节兼机械通风。

在全面通风设计中，通常应注意的原则如下。

①散发热、湿或其他有害物的房间（空间），当不能采用局部通风或采用局部通风仍达不到卫生要求时，应辅以全面通风或采用全面通风。

②全面通风包括自然通风、机械通风或自然通风与机械通风相结合等多种方式。设计时应尽量采用自然通风，以达到节能、节省投资和避免噪声干扰的目的。当自然通风难以保证卫生要求时，可采用机械通风或机械通风和自然通风相结合的方式。

③设有机械通风系统的房间，人员所需新风量应符合以下规定：民用建筑人员所需最小新风量按国家现行有关卫生标准确定；工业建筑应保证每人不小于 $30m^3/h$ 的新风量。人员所在房间不设机械通风系统时，应有可开启外窗。

④设置集中供暖且有机械排风的建筑，应首先考虑自然补风的可能性。对于换气次数小于每小时两次的全面排风系统或每班运行不到 2h 的局部排风系统，可不设机械送风系统补偿所排风量。当自然补风达不到室内卫生条件、生产要求或在技术经济上不合理时，宜设置机械送风系统。同时，还需进行房间热平衡和风量平衡计算。

⑤在进行冬季全面通风换气的热平衡和风量平衡计算时，应分析具体情况，充分考虑下述因素：允许短时间温度降低或间断排风的房间，其排风在空气热平衡计算中可不予考

虑；稀释有害物质的全面通风的进风，应采用冬季供暖室外计算温度；消除余热、余湿的全面通风，可采用冬季通风室外计算温度；利用室外渗透空气或内部非污染空气进行自然补风；适当提高集中送风的送风温度（一般不应超过 40℃，与采暖结合时不得高于 70℃）；用于选择机械送风系统加热器的冬季室外计算温度应采用供暖室外计算温度；消除余热、余湿用的全面通风耗热量可采用冬季通风室外计算温度。

⑥室外进风必须满足环境空气质量标准要求。室内含尘气体经净化后其含尘浓度不超过国家标准规定容许浓度要求值的 30%时，允许循环使用。对含有害气体、有异味气体、致病细菌病毒和易燃易爆物质的空气，不允许循环使用。

⑦同时放散热、蒸汽和有害气体，或仅放散密度比空气小的有害气体的生产厂房，除设局部排风外，宜在上部地带进行自然或机械的全面排风，其换气量不宜小于每小时一次换气。当房间高度大于 6m 时，排风量可按每平方米地面面积 $6m^3/h$ 计算。

⑧要求清洁的房间，当周围环境较差时，送风量应大于排风量，以保证房间正压；对于产生有害气体的房间，为避免污染相邻房间，送风量应小于排风量，以保证房间负压。一般送风量可为排风量的 80%～90%。

⑨计算工艺及设备散热量时，应遵循以下原则：

A. 冬季：按最小负荷班的工艺设备散热量计算；非经常散发的散热量，不予计入；经常但不稳定的散热量，应采用小时平均值。

B. 夏季：按最大负荷班的工艺设备散热量计算；经常但不稳定的散热量，按最大值计算；白班不经常的散热量较大时，应予考虑。

二、全面通风的气流组织

全面通风效果不仅取决于通风量的大小，还与通风气流组织的优劣有关。气流组织的任务就是选定适当的送回风方式，合理地布置送、排（回）风口，并合理地分配风量和选定风口的型号、规格，从而组织通风气流在服务区域（房间或空间）内合理流动与分布，达到以最小通风量获取最佳通风效果之目的。

进行全面通风气流组织设计时，通常应注意以下原则。

①全面通风送入房间（空间）的清洁空气应先到达人员作业地带，再经污染区域排至室外。送风气流应尽可能地均匀分布，减少涡流与滞流。进、排风过程均应避免使含有大量热、湿或其他有害物质的空气流入人员作业或经常停留的地方。

②当要求空气清洁的房间周围环境较差时，室内应保持正压；散发粉尘、有害气体或有爆炸危险物质的房间应保持负压。室内正压、负压可通过调整机械送、排风量来实现。

③机械送风系统（包括与热风供暖合并的系统）的送风方式，应符合下列要求：

A. 散发热或同时散发热、湿和有害气体的工业建筑，当采用上部（指距地面2m以上空间）或上下部同时全面排风时，宜将空气送至作业地带；

B. 散发粉尘或比空气密度大（指其相对密度大于0.75时）的气体和蒸汽，而不同时散发热的生产厂房及辅助建筑，当从下部地带排风时，宜送至上部区域；

C. 当固定工作地点靠近有害物质散发源，且不可能安装有效的局部排风装置时，应直接向工作地点送风。

④同时散发热、蒸汽和有害气体，或仅散发密度比空气小的有害气体的生产建筑，除设局部排风外，宜在上部区域进行自然或机械的全面排风，其排风量不宜小于每小时1次的换气量。当房间高度大于6m时，排风量可按$6m^3/(h \cdot m^2)$计算。

⑤当采用全面通风消除余热、余湿或其他有害物质时，应分别从建筑内部温度最高、含湿量或有害物浓度最大的区域排风，全面排风量分配应符合下列条件：

A. 当有害气体和蒸汽密度比空气轻，或虽比室内空气重，但建筑物内散发的显热全年均能形成上升气流时，宜将空气从房间上部区域排出；

B. 当有害气体和蒸汽密度比空气大，但建筑物散发的显热全年均不能形成稳定的上升气流，或挥发的蒸汽吸收空气中的热量导致气体或蒸汽沉积在房间下部区域时，宜从房间上部区域排出总排风量的1/3，从下部区域排出总排风量的2/3，且不应小于每小时1次的换气量；

C. 当人员活动区有害气体与空气混合后的浓度未超过卫生标准，且混合后气体的相对密度与空气接近时，可只设上部或下部区域排风；

D. 房间内设有局部排风时，全面通风上、下区域的排风量应包括该区域的局部排风量。

⑥建筑全面排风系统吸风口的布置，一般应符合下列规定：

A. 于房间上部区域的排风口，用于排除余热、余湿和有害气体时（含H_2时除外），吸风口上缘至顶棚平面或屋顶的距离应不大于0.4m；

B. 用于排除氢气和空气混合物时，吸风口上缘至顶棚平面或屋顶的距离应不大于0.1m；

C. 位于房间下部区域的排风口，其下缘至地板的间距应不大于0.3m；

D. 在因建筑结构造成有爆炸危险气体排出的死角处，应设置导流设施。

三、全面通风换气量

（一）消除空气污染物

首先，研究一种理想的通风状况：有害气体、粉尘等污染物在室内均匀散发（浓度分布均匀），送风气流和室内空气的混合瞬间完成，送排风气流不存在温差。其次，分析某特定空间（房间）在任意微小时间间隔 d_{τ} 内有害物量的平衡关系，可以获得全面通风的基本微分方程式（亦称为稀释方程），即

$$Lc_0 d\tau + M d\tau - Lc d\tau = V dc \tag{3-1}$$

式中：L——全面通风量，m^3/s；

M——室内污染物散发量，g/s；

c_0——送风空气中污染物质量浓度，g/m^3；

c——某时刻室内空气中污染物质量浓度，g/m^3；

dc——在 $d\tau$ 时间内室内空气污染物质量浓度的增量，g/m^3；

V——房间容积，m^3。

假如在时间 τ 内，室内空气中污染物质量浓度从 c_1 变化到 c_2，由基本微分方程式的近似求解，可得到在规定时间 τ 内达到要求质量浓度 c_2 所需的全面通风量：

$$L = \frac{M}{c_2 - c_0} - \frac{V}{\tau}\frac{c_2 - c_1}{c_2 - c_0} \tag{3-2}$$

上式即为不稳定状态下的全面通风换气量计算式。

通过对通风稀释方程的分析可知，室内空气污染物质量浓度 c_2 随通风时间 τ 的变化是按指数规律增加或减少的，其增减速度取决于 $\frac{L}{V}$ 值。在通风空调工程中，将 $\frac{L}{V}$ 定义为“换气次数” $n = \frac{L}{V}$，单位定为 h^{-1}，即每小时的通风量与房间容积之比。

当 $\tau \to \infty$时，c_2 趋于一个稳定的质量浓度值 $c_0 + \frac{M}{L}$，于是：

$$L = \frac{M}{c_2 - c_0} \tag{3-3}$$

上式即为稳定状态下的全面通风换气量计算式。式中，c_2 通常也就是国家卫生标准规定的室内污染物的允许质量浓度值。在工程实践中，当 $n\tau \geq 4$ 时，即可认为室内污染物质量浓度已趋于稳定（用 c 表示），而全面通风换气量则按下式计算：

$$L = \frac{KM}{c - c_0} \tag{3-4}$$

式中：K 为安全系数。K 值的选取应综合考虑污染物毒性、污染源分布及其散发的不均匀性、室内气流组织及通风的有效性等因素，还应考虑粉尘或烟尘等污染物的反应特性和沉积特性。

（二）消除余热和余湿

在民用与工业建筑中，伴随某些室内设施的使用或生产工艺过程的进行，将会产生大量的显热负荷与湿负荷。典型的例子包括炼钢、锻造车间及室内游泳馆、戏水池等场所。这类场所往往不便或不可能采用空调方式来消除室内的余热、余湿，而宜利用通风的方法，借助相对低温或相对干燥的室外空气实现室内的降温或除湿，这往往也是应予首选的经济有效的热湿环境控制方案。

利用通风方法消除室内显热余热量时，全面通风量为：

$$G = \frac{Q}{c_p(t_p - t_j)} \tag{3-5}$$

式中：G——全面通风量，kg/s；

Q——室内显热余热量，kW；

t_j、t_p——进风、排风温度，℃。

利用通风方法消除室内余湿量时，全面通风量为：

$$G = \frac{W}{d_p - d_j} \tag{3-6}$$

式中：W——室内余湿量，g/s；

d_p、d_j——排风、进风含湿量，g/kg。

在排除余热、余湿的通风过程中，进、排风温度是不同的，进、排风的体积流量也会随之发生变化。

第三节　局部通风

在许多民用与工业建筑（尤其是大型车间）中，由于人员活动或工艺操作岗位比较固定或者室内产生污染物的部位相对集中于局部区域，采用全面通风控制室内空气环境往往既无必要，也难达到卫生标准的要求。如果采用局部通风，即只将新风直接送至人员活动区域，或将污染空气直接从污染源处加以收集、排除，则既可达到增强环控效果，又能取得节省投资与能耗等多重效益。

一、局部通风的设计原则

局部通风方式分局部送风和局部排风两大类，二者都是利用局部气流来保证局部区域不受有害物的污染，进而满足室内所需的卫生要求。从通风的目的与功能角度，具体还可分为隔热、降温、防寒、排毒及除尘等类型。在工程实践中，局部通风通常也不是单一地加以应用，而需与自然的或机械的全面通风相配合。在进行建筑（尤其工业厂房）通风设计时，首先应根据生产工艺的特点和有害物的性质，尽可能优先考虑局部通风方案。只有在采用局部通风后不能满足卫生标准的要求，或工艺条件不允许设置局部通风时，才考虑采用全面通风。

二、局部送风

（一）局部送风设计的一般原则

对于一些面积大、人员稀少、大量散发余热的高温车间，采用全面通风降温既困难，也没有必要。如果只向局部工作岗位送风，在这些局部区域增加风速、降低气温，维持良好的空气环境，则是既经济而又有效的通风方式。按我国现行暖通空调设计规范规定，在工作人员经常停留或长时间操作的工作地点，当其热环境达不到卫生要求或辐射照度不小于350W/m^{2}时，应当设置局部送风（也称为岗位送风）。

局部送风系统分为分散式（亦称单体式）和系统式两种类型。分散式局部送风一般采用轴流风机、喷雾风扇等形式，以再循环空气做岗位送风。系统式局部送风又称空气淋浴，它需要借助完整的机械送风系统，将经过一定程度集中处理的空气送至各个局部的工作岗位。

（二）分散式送风装置

1. 轴流风机（风扇）

在空气温度不太高（一般不超过35℃）、辐射照度比较小的工作地点，通常可采用轴流风机（风扇）直接向工作岗位吹风，通过增加风速促进人体对流和蒸发散热，从而达到改善局部区域热环境的目的。

采用轴流风机（风扇）作岗位吹风时，需按照表3-1的工作地点风速规定。

表3-1 工作地点风速规定

轻作业	中作业	重作业
2~3m/s	2~3m/s	2~3m/s

对于产尘车间，不宜采用这种通风形式，以免高速气流引起粉尘四处飞扬。

2. 喷雾风扇

在空气温度高于35℃、辐射照度大于1 400W/m^2，且工艺过程不忌细小雾滴的中作业或重作业的工作地点，适宜采用喷雾风扇作为岗位吹风装置。喷雾风扇由轴流风机配上甩水盘、供水管所组成，甩水盘随风机高速旋转，盘上的水在惯性离心力作用下，形成许多细小水滴（雾滴），随气流一起吹出。这种送风过程除增加空气流速外，水分吸热蒸发有利于送风降温；部分细小水滴落在人体表面继续蒸发，会起到“人造汗”的作用。此外，悬浮在空气中的雾滴还可起到一定的隔离辐射热的作用。

喷雾风扇的降温效果，主要取决于风扇吹出的雾滴直径大小及雾量多少。雾滴直径一般应小于 60μm，最大不超过 100μm；工作地点的风速应控制在 3~5m/s。

3. **系统式局部送风装置**

当室内工作地点空气温度、辐射照度较高，并且工艺条件又不允许存在水滴（雾滴），或者工作地点散发有害气体或粉尘，不允许对其空气循环使用（如铸造车间的浇注线）时，就应当考虑采用系统式局部送风装置。

系统式局部送风装置，其实就是一种局部机械送风系统，俗称空气淋浴。这种局部送风系统借助通风管路将室外新风或经过处理的清洁空气送至各局部的工作岗位，它的送风一般需经过滤、冷却或加热处理，尽可能采用循环水喷淋或地道风等天然冷热源，必要时亦可采用人工冷热源。

按国家现行有关设计规范规定，设置系统式局部送风时，工作地点要求的温度和平均风速应根据热辐射照度、作业轻重以及所处地区，分别在如下范围内作适当选取：冬季温度为 18~25℃，风速为 1~4m/s；夏季温度为 22~33℃，风速为 1.5~6m/s。局部送风系统对空气做冷却或加热处理时，其室外计算参数的选取按照：冬季应采用采暖室外计算温度；夏季应采用通风室外计算温度。这种局部送风系统的送风气流宜从人体的前侧上方倾斜吹到头、颈和胸部，必要时亦可从上向下垂直送风。这种系统的送风口与一般机械送风系统送风口结构上有所不同，称为“喷头”。

最简单的喷头是一种圆断面渐扩短管，适用于工作地点比较固定的场合。当工作人员活动范围较大时，宜采用旋转式送风口。

系统式局部送风系统的设计主要是根据工作地点要求的温度和风速，确定喷头尺寸、送风量和出口风速，具体按自由射流规律进行计算。但必须注意，国家标准中要求的工作地点温度和风速是指射流有效作用范围内的平均温度和平均风速，作用于人体的有效气流宽度按作业轻重在 0.6~1m 选定。

三、局部排风

在民用与工业建筑中，存在不少污染源较分散且相对固定的情况，如厨房中的炉灶，实验室中的试验台，工业厂房中的电镀槽、盐浴炉、喷漆工艺、喷砂工艺、粉状物料包装等。局部排风就是利用局部气流，直接在这类污染物的产生地点对其加以控制或捕集，避免污染扩散到整个房间。与全面排风相比，局部排风方式显然具有排风量小、环控效果好等优点，故应首先予以考虑。

局部排风系统通常应由局部排风罩、风机、通风管路、净化设备和排风口等所组成。为了防止风机的腐蚀与磨损，这种系统中通常都将风机布置在净化设备之后。为防止大气污染，当排风中有害物量超过排放标准时，必须经过净化设备处理，达标后才能排入大气。净化处理设备种类繁多，主要根据被处理有害物的理化性质等加以选择。

局部排风罩（又称吸风罩）是用来捕集有害物的重要部件，它的设计、安装合理与否，对局部排风系统的工作效果和技术经济性能将产生直接影响。

（一）槽边排风罩

槽边排风罩是一种特殊形式的外部吸气罩，专用于电镀、清洗等工业槽的局部防毒排风。槽边排风罩按安装形式可分为单侧、双侧和周边式排风罩，单侧用于槽宽 $B<700$mm，双侧用于 B 为 700~1 200mm。当槽长 A 过大时，可采用分段组合装设。按其罩体横断面高度，可分为高截面和低截面两种类型。这种排风罩的吸入口形式常用平口式和条缝式，后者条缝高度沿长度方向不变的，称为等高条缝，其条缝口高度 h 一般控制在 50mm 以下（楔形条缝口指其平均高度），具体可按下式确定：

$$h=\frac{L}{v_0}l \tag{3-7}$$

式中：L——排风罩排风量，m^3/s；

l——条缝口长度，m；

v_0——条缝口上的吸入速度，m/s，通常可按 8~12m/s 考虑。

槽边排风罩的排风量 L 与槽的平面尺寸 $A\times B$ 和槽面控制风速 v_x 有关。对于单侧条缝式槽边排风罩，其排风量 L 可按下述公式计算：

高截面单侧排风：

$$L=2v_xAB\left(\frac{B}{A}\right)^{0.2} \tag{3-8}$$

低截面单侧排风：

$$L=3v_xAB\left(\frac{B}{A}\right)^{0.2} \tag{3-9}$$

对于双侧条缝式槽边排风罩，应用上述公式时只须用代替式中 $\frac{B}{2}$ 即可。

条缝式槽边排风罩条缝口上的速度分布是否均匀，对其控制效能有重大影响。在工程实践中，尽量减小条缝口面积 f 和罩横断面积 F 之比，即保持 $\frac{f}{F} \geqslant 0.3$，则可近似满足均匀性要求。

（二）吹吸式排风罩

吹吸式排风罩是把吹、吸气流结合起来的一种局部防毒通风方法，它适用于槽宽 B 的工业槽或挂得很高的伞形罩。这种排风罩具有抗干扰能力强、不影响工艺操作、所需排风量小等优点，在国内外均被广泛应用。

（三）接受式排风罩

有些生产过程或设备本身会产生或诱导一定的气流运动，带动有害物一起运动，如高温热源上部的对流气流及砂轮磨削时抛出的磨屑及大颗粒粉尘所诱导的气流等。对于这种情况，应尽可能地把排风罩设在污染气流前方，让它直接进入罩内。这类排风罩称为接受罩。

接受罩在外形上和外部吸气罩完全相同，但作用原理不同。对接受罩而言，罩口外的气流运动是生产过程本身造成的，接受罩只起接受作用。它的排风量取决于接受的污染空气量的大小。接受罩的断面尺寸应不小于罩口处污染气流的尺寸；否则，污染物不能全部进入罩内，影响排风效果。粒状物料高速运动时所诱导的空气量，由于影响因素较为复杂，通常按经验公式确定。

①热源上部的热射流。热源上部的热射流主要有两种形式：一种是生产设备本身散发的热射流如炼钢电炉炉顶散发的热烟气；另一种是高温设备表面对流换热时形成的热射流。当热物体和周围空气有较大温差时，通过对流换热把热量传给空气，空气受热上升，形成热射流。中外学者对热射流的研究发现，在离热源表面（1~2）B（B 为热源直径）处的热射流将发生收缩，收缩断面的流速最大，随后上升气流缓慢扩大。实际上，这种热射流可近似看作从一个假想点源以一定角度扩散上升的气流。

在 H/B 为 0.9 ~ 7.4 时，在不同高度上热射流的流量 L_2 为：

$$L_2 = 0.04Q^{1/3}Z^{3/2} \tag{3-10}$$

$$Z = H + 1.26B \tag{3-11}$$

式中：Q——热源的对流换热量，kJ/s；

Z——自点源算起的计算高度，m；

H——热源至计算断面距离，m；

B——热源水平投影的直径或长边尺寸，m。

在某一高度上热射流的断面直径 D_z 为：

$$D_z = 0.36H + B \tag{3-12}$$

通常近似地认为，热射流收缩断面至热源的距离 $H_0 \leqslant 1.5\sqrt{F_P}$（$F_p$ 为热源的水平投影面积）。假如热源的水平投影面积为圆形，应有 $H_0 \leqslant 1.33B$，因此收缩断面上的流量 L_0 为：

$$L_0 = 0.04Q^{1/3}[(1.33 + 1.26)B]^{3/2} = 0.167Q^{1/3}B^{3/2} \tag{3-13}$$

热源的对流换热量 Q 为：

$$Q = \alpha F \Delta t \tag{3-14}$$

$$\alpha = A\Delta t^{1/3} \tag{3-15}$$

式中：F ——热源的对流放热面积，m^2；

Δt ——热源表面与周围空气温度差，℃；

α ——对流换热系数，J/（m^2·s·℃）；

A ——系数，水平散热面 A＝1.7，垂直散热面 A ＝1.13。

②热源上部接受罩排风量计算。从理论上说，只要接受罩的排风量等于罩口断面上热射流的流量，接受罩的断面尺寸等于罩口断面上热射流的尺寸，污染气流就能全部排出。但实践中由于横向气流的影响，热射流会发生偏转，可能逸入室内。接受罩的安装高度 H 越大，横向气流的影响越严重。因此，实际采用的接受罩，罩口尺寸和排风量都必须适当加大。

根据安装高度 H 的不同，热源上部的接受罩可分为两类：$H \geqslant 1.5\sqrt{F_p}$ 的称为低悬罩，$H > 1.5\sqrt{F_p}$ 的称为高悬罩。

由于低悬罩位于收缩断面附近，罩口断面上的热射流横断面积一般小于（或等于）热源的平面尺寸。因此，在横向气流影响小的场合，排风罩口尺寸应比热源尺寸大 150～200mm；在横向气流影响较大的场合，罩口尺寸则按下式确定：

$$圆形\ D_1 = B + 0.5H \tag{3-16}$$

$$矩形\ A_1 = a + 0.5H \tag{3-17}$$

$$B_1 = b + 0.5H \tag{3-18}$$

式中：D_1——罩口直径，m；

A_1、B_1——罩口尺寸，m；

a、b ——热源水平投影尺寸，m。

高悬罩的罩口尺寸 D：

$$D = D_z + 0.8H \tag{3-19}$$

接受罩的排风量 L：

$$L = L_z + v'F' \tag{3-20}$$

式中：L_z——罩口断面上热射流流量，m^3/s；

F'——罩口的扩大面积，即罩口面积减去热射流的断面积，m^2；

v'——扩大面积上空气的吸入速度，$v'=0.5\sim0.75m/s$。

对于低悬罩，上式中的 L_2 即为收缩断面上的热射流流量。高悬罩排风量大，易受横向气流的影响，工作不稳定，故设计时应尽可能降低安装高度。在工艺条件允许时，亦可在接受罩罩口处设置活动卷帘。

第四节　工业除尘

在工业建筑中，有些生产工艺过程，如水泥、耐火材料、有色金属冶炼、铸造、喷漆、机械抛光、橡胶加工、羊毛加工等，会产生大量有害的悬浮微粒及烟尘（统称为粉尘），如果任意排放，必将污染大气，危害人类健康，影响工农业生产；有些生产工艺过程，比如原材料加工、食品生产、粉状物料包装等，需回收这些散逸的物料。为此，应用除尘技术既能净化含尘空气，使之达标排放，同时具有很大的经济效益。

一、除尘机理与除尘设备

（一）粉尘特性

工业除尘技术主要是治理粉尘这种固态污染物对空气环境的危害。粉尘特性对除尘装置性能有着重要的影响，因而我们首先应对工业粉尘的一些主要特性有所认识。

1. 密度

单位体积粉尘所具有的质量称为粉尘的密度，它与粉尘净化、储运等特性直接相关。粉尘密度分为真密度和容积密度：前者是指除掉粉尘中所含气体和液体后计得的密度；后者则是粉尘在自然状态下具有的密度。这两种密度间的关系表示为：

$$\rho_v = (1-\varepsilon)\rho_p \tag{3-21}$$

式中：ρ_v——粉尘的容积密度，kg/m^3；

ρ_p——粉尘的真密度，kg/m^3；

ε——粉尘的空隙率。

粉尘的真密度越大，越有利于捕集；粉尘越细，容积密度越小，$\dfrac{\rho_v}{\rho_p}$ 比值越小，越不易被捕集。

2. 粒径分布

粉尘粒径分布是指粉尘中各种粒径的尘粒所占的百分数，亦称颗粒分散度。通风除尘技术中，一般采用粉尘的斯托克斯粒径及其按质量计的质量粒径分布。

3. 比表面积

粉尘比表面积为单位质量（或体积）粉尘所具有的表面积，cm^2/g（或 cm^2/cm^3）。其大小表示颗粒群总体的细度，它与粉尘的润湿性和黏附性有关。

4. 爆炸性

当物质的比表面积大为增加时，其化学活性迅速加强。例如，某些在堆积状态下不易燃烧的可燃物粉尘，当它以粉末状悬浮在空气中，并与空气中的氧充分接触时，在一定的温度和浓度下就可能发生爆炸。能够引起爆炸的最低浓度称为爆炸下限，粉尘的爆炸浓度下限可以参见有关设计手册。

5. 含水率

粉尘的含水率为粉尘中所含的水分质量与粉尘总质量的比值，可以通过测定烘干前后的粉尘质量之差求得粉尘中所含水分的质量，进而得到含水率。

6. 润湿性

尘粒与液体相互附着的性质称为粉尘的润湿性，它主要取决于原材料的化学性质，也与尘粒的表面状态有关。易于被水润湿的粉尘称为亲水性粉尘；难以被润湿的粉尘称为疏水性粉尘；吸水后能形成不溶于水的硬垢的粉尘称为水硬性粉尘。一般说来，粒径 $d_p < 5\mu m$ 时，粉尘很难被水润湿；水泥、熟石灰与白云石砂等均属于水硬性粉尘；亲水性粉尘利于尘粒聚合、增重、沉降，适合采用湿法除尘。

7. 黏附性

尘粒黏附于固体表面或颗粒之间相互凝聚的现象，称为黏附。前者易使除尘设备和管道堵塞，后者则有利于提高除尘效率。对于粒径 $d_p < 1\mu m$ 的尘粒，主要靠分子间的作用而产生黏附；吸湿性、溶水性、含水率高的粉尘主要靠表面水分产生黏附；纤维粉尘的黏附则主要与壁面状态有关。

8. 比电阻

比电阻是某种物质粉尘当横断面积为 $1cm^2$，厚度为 1cm 时所具有的电阻。它是除尘工程中表示粉尘导电性的一个参数，对电除尘器的工作有很大的影响，一般可通过实测求得。

9. **堆积角和滑动角**

粉尘通过小孔连续地下落到某一水平面上，自然堆积成的尘堆的锥体母线与水平面上的夹角称为堆积角，它与物料的种类、粒径、形状和含水率等因素有关。对于同一种粉尘，粒径越小，堆积角越大，一般平均值为35~40°。它是设计贮灰斗、下料管、风管等的主要依据。

滑动角是指光滑平面倾斜到一定角度时，粉尘开始滑动的角度，一般为40~55°。因此，除尘设备灰斗的倾斜角一般不宜小于55°。

10. **磨损性**

粉尘的磨损性主要取决于颗粒的运动速度、硬度、密度、粒径等因素。当气流运动速度大，含尘浓度高，粉尘粒径大而硬且有棱角时，磨损性大。因此，在进行粉尘净化系统设计时，应适当地控制气流速度，并加厚某些部位的壁厚。

（二）除尘设备的分类

工业建筑中的除尘设备（除尘器）是用来净化由生产工艺设备或炉窑中排出的含尘气体的设备，它是工业除尘系统中的重要部件和主要设备之一。工业除尘器运行的好坏将直接影响排往室外的粉尘浓度，也就会直接影响建筑外部空气环境的质量。

工业除尘器的种类很多，分类方法也很多。通常情况下，按其主要的除尘机理，可将常用除尘器分为以下六大类。

①重力除尘，如重力沉降室。

②惯性除尘，如惯性除尘器。

③离心力除尘，如旋风除尘器。

④过滤除尘，如袋式除尘器、颗粒层除尘器、纤维过滤器、纸过滤器。

⑤洗涤除尘，如自激式除尘器、旋风水膜除尘器。

⑥静电除尘，如电除尘器。

根据是否用水作为除尘媒介，除尘器又可分为干式除尘器和湿式除尘器两大类。干式除尘器包括上述重力除尘、惯性除尘、离心力除尘、过滤除尘和干式电除尘等类型的除尘器。湿式除尘器包括喷淋式除尘器、填料式除尘器、泡沫除尘器、自激式除尘器、文氏管除尘器和湿式电除尘器等。

根据气体净化程度的不同，也可分为如下四类。

①粗净化：主要除掉大的尘粒，一般用作多级除尘的第一级。

②中净化：主要用于通风除尘系统，要求净化后的空气浓度不超过200mg/m^3。

③细净化：主要用于通风空调系统和再循环系统，要求净化后的空气含尘浓度不超过2mg/m^3。

④超净化：主要去除 1μm 以下的细小尘粒，用于洁净空调系统。净化后的空气含尘浓度视工艺要求而定。

（三）除尘器的主要技术性能指标

1. 除尘效率

在除尘工程设计中，一般采用全效率和分级效率两种表达方式。

①全效率：除尘器的全效率 η（或称总效率）是在一定的运行工况下，单位时间内除尘器除下的粉尘量与进入除尘器的粉尘量的百分比，即

$$\eta = \frac{M_2}{M_1} \times 100\% \tag{3-22}$$

式中：η ——除尘器的全效率,%；

M_1——进入除尘器的粉尘量，g/s；

M_2——除尘器除下的粉尘量，g/s。

由于在现场无法直接测量进入除尘器的粉尘量，应先测量除尘器进出口气流中的含尘浓度和相应的风量，再用下式计算：

$$\eta = \frac{L_1 c_1 - L_2 c_2}{L_1 c_1} \times 100\% \tag{3-23}$$

式中：L_1——除尘器入口风量，m^3/s；

c_1——除尘器入口含尘质量浓度，g/m^3；

L_2——除尘器出口风量，m^3/s；

c_2——除尘器出口含尘质量浓度，g/m^3。

在工程实践中，为提高除尘系统的除尘效率，常将 2 个或多个除尘器串联使用。假设系统中有除尘效率分别为 η_1，η_2，……，η_n 的 n 个除尘器串联运行，η 应按下式计算：

$$\eta = 1 - (1 - \eta_1)(1 - \eta_2)\cdots\cdots(1 - \eta_n) \tag{3-24}$$

②穿透率：穿透率为单位时间内除尘器排放的粉尘量与进入除尘器的粉尘量的百分比，即

$$P = \frac{L_2 c_2}{L_1 c_1} \times 100\% \tag{3-25}$$

③分级效率：分级效率为除尘器对某一代表粒径 d_c 或粒径在 $d_c \pm \frac{\Delta d_c}{2}$ 范围内粉尘的效率，用下式表示：

$$\eta_e = \frac{\Delta M_e}{\Delta M_j} \times 100\% \tag{3-26}$$

式中：ΔM_c ——在 Δd_c 粒径范围内，除尘器捕集的粉尘量，g/s；

ΔM_j ——在 Δd_c 粒径范围内，进入除尘器的粉尘量，g/s。

2. 压力损失

除尘器的压力损失 Δp 为除尘器进、出口处气流的全压的绝对值之差，它表示流体流经除尘器所耗的机械能。当知道该除尘器的局部阻力系数 ξ 的数值后，可用下式计算：

$$\Delta p = \frac{\xi \rho_g v^2}{2} \tag{3-27}$$

式中：Δp ——除尘器的压力损失，Pa；

ρ_g ——处理气体的密度，kg/m^3；

v——除尘器入口处的气流速度，m/s。

3. 处理气体量

处理气体量是评价除尘器处理能力大小的重要技术指标，一般用体积流量 L 表示。

4. 负荷适应性

负荷适应性是反映除尘器性能可靠性的技术指标。负荷适应性良好的除尘器，当处理的气体量或污染物浓度在较大范围内波动时，仍能保持稳定的除尘效率。

二、除尘系统的设计原则

（一）除尘系统的组成

工业建筑的除尘系统主要由吸尘装置、管道、除尘器和通风机所组成，它是用来捕集、净化生产工艺过程中产生粉尘的一种局部机械排风系统。尽管针对不同生产工艺过程，具体采用的设备、系统形式可能各有不同，但含尘气体在系统中总是会经历捕集、输运、净化（除尘）和排放等过程。

（二）除尘系统的划分原则

划分工业建筑的除尘系统时，除应遵守局部排风系统的若干原则外，尚应遵守下述原则。

①同一生产流程、同时工作的扬尘点相距不远时，宜合设一个系统。

②同时工作但粉尘种类不同的扬尘点，当工艺允许不同粉尘混合回收或粉尘无回收价值时，可合设一个系统。

③温湿度不同的含尘气体，当混合后可能导致风管内结露时，应分设系统。

④在同一工序中如有多台并列设备，如果这些设备并不同时工作，则不宜划为同一系统。

⑤除尘系统服务范围不宜过大，吸尘点不宜过多，通常五六个较为合适。

（三）除尘风道系统设计

工业除尘系统的风道同一般局部排风系统的风道相比，具有以下特点。

①除尘系统的风道所输送的介质为含尘空气，因风速较高、管壁磨损严重，故通常多用壁厚为1.5~3mm的普通钢板加工制作。

②如果吸尘点较多，常采用大断面的集合管连接各支管。集合管分垂直、水平两种形式，管内风速不宜超过3m/s，集合管下部应设卸灰装置。

③为防止粉尘在风管内沉积，除尘系统的风管除在管内保持较大风速外，还要求尽可能垂直或倾斜敷设。倾斜敷设时，与水平面的夹角最好大于45°；如必须水平敷设，需设置清扫口。

④在除尘风道系统设计中，对管网水力平衡性要求较严格。对于并联管路进行水力计算时，除尘系统要求两支管的压力损失差不超过10%，以保证各支管的风量达到设计要求。

为保证除尘系统的除尘效果和便于生产操作，对于一般的除尘系统，排风量应按其所连接的全部吸风点同时工作计算，而不考虑个别吸风口的间歇修正。但当一个系统中非同时工作的吸风点的排风量较大时，系统排风量可按同时工作吸风点排风量与非同时工作吸风点排风量的15%~20%之和来确定，并应在各间歇工作吸风点上装设与工艺设备连锁的阀门。

除尘风道系统设计中，应充分注意防火、防爆问题。当系统输送、处理的介质是含铝粉、镁粉、煤粉、木屑和面粉等含尘空气时，由于这些物质爆炸浓度下限较低，易于引起爆炸和燃烧。因此，确定这类除尘系统的排风量时，除满足一般要求外，还应校核其中可燃物的浓度；系统应选配防爆风机，并采用直联传动或联轴器的传动方式；净化有爆炸危险粉尘的干式除尘器，应布置在管路的负压段上；净化设备及管路等均应设泄爆装置。

（四）除尘设备排出物料的收集与处理

为保障除尘系统的正常运行和防止再次污染环境，应对除尘器收集下来的粉尘做妥善处理。其处理原则是，减少二次扬尘，保护环境和回收利用，化害为利，变废为宝，提高经济效益。根据生产工艺的条件、粉尘性质、回收利用的价值以及处理粉尘量等因素，可采用就地回收、集中回收处理和集中废弃等方式。

1. 干式除尘器排出粉尘的处理

①就地回收：由除尘器的排尘管直接将粉尘卸至生产设备内。其特点是：无须设粉尘

处理设备，维修管理简单，但易于产生二次扬尘。就地回收方式适用于粉尘有回收价值，并靠重力作用能自由落回到生产设备内的场合。

②集中处理：利用机械或气力输送设备，将各除尘器卸下的粉尘集中到预定地点，再进行集中处理。其特点是：需设运输设备，有时还需设加湿设备；维护管理工作量大；集中后有利于粉尘的回收利用。与就地回收相比，二次扬尘易于控制。这种方式适用于除尘设备卸尘点较多，卸尘量较大，又不能就地纳入工艺流程回收的场合。

③人工清灰：适用于卸尘量较小，并不直接回收利用或无回收价值的场合。

2. 湿式除尘器排出含尘污水的处理

①分散机械处理：在除尘器本体或下部集水坑设刮泥机等，将扒出的尘泥就地纳入工艺流程或运往他处。这种方式的刮泥机须经常管理和维修，适用于除尘器数量少，但每台除尘设备排尘量大的场合。

②集中机械处理：将全厂含尘污水纳入集中处理系统，使粉尘沉淀、浓缩，然后用抓泥斗、刮泥机等设备将泥尘清出，纳入工艺流程或运往他处。其特点是：污水处理设备比较复杂，可集中维修管理，但工作量较大。该方式适用于除尘器数量较多的大、中型厂矿，以及含尘污水量较大的场合。

第四章　暖通空调施工安装基础

第一节　常用水暖管道材料

一、管道和附件的通用标准

（一）公称通径

公称通径是管道及其附件工程标准化的主要内容。公称通径是国家为保证管子和附件通用性和互换性而制定的通用标准，是对有缝钢管和螺纹连接管子附件的标称，又称公称直径、公称口径。它的主要作用是将同一规格的管子和附件相互连接，使其具有普遍通用性。对于阀门等管子附件和内螺纹管子配件，公称通径等于其内径；对于有缝钢管，公称通径既不是管子内径，也不是管子外径，只是管子的名义直径。公称通径相同的管子外径相同，但因工作压力不同而选用不同的壁厚，所以其内径可能不同。公称通径用 DN 表示，如 DN100 表示公称通径为 100mm 的管子。

（二）公称压力

公称压力是管子和管子附件在介质温度（200℃）下所能承受的压力允许值，是强度方面的标准。公称压力用符号 p_N 表示，符号后的数值表示公称压力值，如 PN1.0 表示公称压力为 1MPa。

试验压力是在常温下检验管子或管子附件机械强度和严密性的压力标准。试验压力一般情况取 1.5~2 倍公称压力值，公称压力大时取下限，公称压力小时取上限。试验压力用符号 Ps 表示。

工作压力是指管子内有流体介质时实际可承受的压力。由于管材的机械强度会随着温度的提高而降低，所以当管子内介质的温度不同时，管子所能承受的压力也不同。工作压力用符号 Pt 表示，t 为介质最高温度值 1/10 的整数值。例如，P25 表示管子在介质温度为

250℃时的允许工作压力。

公称压力是管子及附件在标准状态下的强度标准，在选用管子时可直接作为比较的依据。大多数情况下，制品在标准状态下的耐压强度接近于常温下的耐压强度，公称压力十分接近常温下材料的耐压强度。一般情况下，可根据系统输送介质参数按公称压力直接选择管子及附件，无须再进行强度计算。当介质工作温度超过200℃时，管子及附件的选择应考虑因温度升高引起的强度降低，必须满足系统正常运行和试验压力的要求。

二、管材的种类和规格

金属管材在建筑设备安装工程中占有很大的比例，在安装前应当了解其质量特性和规格种类，建筑设备安装中常用的金属管材从质量方面应具备以下基本要求。

①有一定的机械强度和刚度。

②管壁厚度均匀，材质密实。

③内外表面平整、光滑，内表面粗糙度小。

④化学性能和热稳定性好。

⑤材料可塑性好，易于煨弯、切削。

实际工程中选择管材时，针对工程的需要对以上要求各有侧重，除此之外，还考虑价格、货源等方面因素。建筑设备安装工程中常用的金属管材有黑色金属管材（钢管）、有色金属及不锈钢管材等。

（一）碳素钢管

由于碳素钢管机械性能好、加工方便，能承受较高的压力和耐较高的温度，可以用来输送冷热水、蒸汽、燃气、氧气、乙炔、压缩空气等介质，且易于取材，因此是设备安装工程中最常用的管材。但碳素钢管遇酸或在潮湿环境中容易发生腐蚀，从而降低管材原有的机械性能，所以工程上使用碳素钢管时一般要做防腐处理或采用镀锌管材。常见的碳素钢管有无缝钢管、焊接钢管、铸铁管3种。

1. 无缝钢管

无缝钢采用碳素钢或合金钢冷拔（轧）或热轧（挤压、扩）制成，其外径和壁厚应符合规定。同一规格的无缝钢管有多种壁厚，以满足不同的压力需要，所以无缝钢管不用公称通径表示，而用外径×壁厚表示，如φ155×4.5表示外径155mm、壁厚4.5mm的钢管。无缝钢管规格多、耐压力高、韧性强、成品管段长，多用在锅炉房、热力站、制冷站、供热外网和高层建筑的冷、热水等高压系统中。一般工作压力在0.6~1.57MPa时都采用无缝钢管。

安装工程中采用的无缝钢管应有质量证明书，并提供机械性能参数。优质碳塑管还应提供材料化学成分。外观检查不得有裂缝、凹坑、鼓包、辗皮及壁厚不均等缺陷。

除了常用的输送流体用无缝钢管外，还有锅炉无缝钢管、石油裂化用无缝钢管等专用无缝钢管。无缝钢管一般不用螺纹连接而多采用焊接连接。

2. 焊接钢管

焊接钢管也称有缝钢管，包括普通焊接钢管、钢板直缝卷焊钢管、螺旋缝焊接钢管等。普通焊接钢管因常用于室内给排水、采暖和煤气工程中，故也称为水煤气管。

普通焊接钢管由碳素钢或低合金钢焊接而成，按表面镀锌与否分为黑铁管和白铁管。黑铁管表面不镀锌；白铁管表面镀锌，也叫镀锌管。镀锌管抗锈蚀性能好，常用于生活饮用和热水系统中。常用的低压流体输送焊接钢管规格为 DN6～DN150，适用于 0～140℃工作压力较低的流体输送。其中普通管可承受 1. 96MPa 的水压试验，加厚管能承受 2. 94MPa 的水压试验。焊接钢管有两端带螺纹和不带螺纹两种。两端带螺纹的管长 6～9m，供货时带一个管接头；不带螺纹的管长 4～12m。焊接钢管以公称通径标称。

钢板直缝卷焊钢管适用于公称压力大于等于 1. 6MPa 的工作范围，一般用在室外热水和蒸汽等管道中。

螺旋缝焊接钢管公称压力一般不大于 2. 0MPa，多用在蒸汽、凝结水、热水和煤气等室外大管径管道和长距离输送管道中。

焊接钢管检验标准与无缝钢管标准相同。焊缝应平直、光滑，不得有开裂现象，镀锌钢管镀锌层应完整均匀。焊接钢管可用焊接或螺纹连接，但镀锌钢管一般不用焊接。

3. 铸铁管

铸铁管的优点是耐腐蚀，经久耐用；缺点是质脆，焊接、套丝、煨弯困难，承压能力低，不能承受较大动荷载，多用于腐蚀性介质和给排水工程中。建筑设备安装工程中常用的铸铁管采用灰铸铁铸造而成，分为给水铸铁管和排水铸铁管。

给水铸铁管管长有 4m、5m 和 6m 几种，能承受一定的压力，按工作压力分为低压管、普压管和高压管。

（二）合金钢管及有色金属管

1. 合金钢管

合金钢管是在碳素钢中加入锰（Mn）、硅（Si）、钒（V）、钨（W）、钛（Ti）、铌（Nb）等元素制成的钢管，加入这些元素能加强钢材的强度或耐热性。合金元素含量小于 5%的为低合金钢，合金元素含量占 5%～10%的为中合金钢，合金元素含量大于 10%的为高合金钢。合金钢管多用在加热炉、锅炉耐热管和过热器等场合。连接可采用电焊和气焊，焊后要对焊口进行热处理。合金钢管一般为无缝钢管，规格同碳素无缝钢管。

2. **不锈钢管**

不锈钢是为了增强耐腐蚀性，在碳素钢中加入铬（Cr）、镍（Ni）、锰（Mn）、硅（Si）、钼（Mo）、铌（Nb）、钛（Ti）等元素形成的一种合金钢。根据含铬量不同，不锈钢分为铁素体不锈钢、马氏不锈钢和奥氏不锈钢。铁素体不锈钢难以焊接，马氏不锈钢几乎不能焊接，奥氏不锈钢具有良好的可焊性。不锈钢管多用在石油、化工、医药、食品等工业中。

3. **铝管及铝塑复合管**

铝管是由铝及铝合金经过拉制和挤压而成的管材，使用最高温度为150℃，公称压力不超过0.588MPa。常用12、13、14、15牌号的工业铝制造，加工方法为拉制或挤压成形。铝及铝合金管有较好的耐腐蚀性能，常用于输送浓硝酸、脂肪酸、丙酮、苯类等液体，也可用输送硫化氢、二氧化碳等气体，但不能用于输送碱和氯离子的化合物。薄壁管由冷拉或冷压制成，供应长度为1~6m；厚壁管由挤压制成，最小供应长度为300mm。铝及铝合金管规格（外径mm）有11、14、18、25、32、38、45、60、75、90、110、120、185，壁厚0.5~32.5mm。铝合金管由铝镁、铝锰体系组成，其特点是耐腐蚀性、抛旋光性高，塑性和强度高。纯铝管可焊性好；铝合金管焊接稍难，多采用氩弧焊接。铝塑复合管是以焊接铝管为中间层，内外层均为聚乙烯塑料，采用专用热熔胶，通过挤出成形的方法复合成一体的管材，铝塑复合管是一种集金属和塑料优点于一身的新型材料，具有耐腐蚀、耐高温、不回弹、阻隔性能好抗静电等特点。按照由外到内结构有以下4种。

①聚乙烯胶黏剂-铝合金-胶黏剂-交联聚乙烯，适用于温度和压力较高的场合。

②交联聚乙烯-胶黏剂铝合金-胶黏剂-交联聚乙烯，适用于温度和压力较高的场合，外表面有较高的强度。

③聚乙烯-胶黏剂-铝胶黏剂-聚乙烯，适用于温度和压力较低的场合。

④交联聚乙烯-胶黏剂-铝胶黏剂-聚乙烯，适用于温度较低的场合，主要是燃气输送。

铝塑复合管（缩写PAP），是指采用中、高密度聚乙烯塑料的铝塑复合管。交联铝塑复合管（缩写XPAP），是指采用交联中、高密度聚乙烯塑料的铝塑复合管。

4. **铜管**

常用铜管有紫铜管（纯铜管）和黄铜管（铜合金等），紫铜管主要由12、13、T4、TUP（脱氧铜）制造，黄铜管主要由H62、H68、HPb59-1等牌号的黄铜制造。铜及铜合金管可用于制氧、制冷、空调、高纯水设备、制药等管道，也可用于现代高档次建筑的给水、热水供应管道等。根据制造方式可分为拉制铜管和挤制铜管，一般中、低压采用拉制管；根据材料不同，可分为紫铜管、黄铜管和青铜管。紫铜管和黄铜管多用于热交换设备中，青铜管主要用于制造耐磨、耐腐蚀和高强度的管件或弹簧管。铜管连接可采用焊接、胀接、法兰连接和螺纹连接等。焊接应严格按照焊接工艺要求进行，否则极易产生气泡和裂纹。由于铜具有良好的延展性，因此铜管也常采用胀接和法兰翻边连接；厚壁铜管可采用螺纹连接。铜管用“外径×壁厚”表示。

5. 铅管

铅是一种银灰色金属，其硬度小、密度大、熔点低、可塑性好、电阻率大、易挥发，具有良好的可焊性和耐蚀性，阻止各种射线的能力很强。铅的强度较低，在铅中加入适量的锑，不但能增加铅的硬度，而且还能提高铅的强度；但如果加入的锑过多，又会使铅变脆，而且也会削弱铅的耐腐蚀性和可焊性。由于铅有毒，因此不能用于食品工业的管道与设备，也不能用作输送生活饮用水的管材。由于铅的强度和熔点较低，而且随着温度的升高，强度降低极为显著，因此，铅制的设备及管道不能超过 200℃，且温度高于 140℃时，不宜在压力下使用。铅的硬度较低，不耐磨，因此铅管不宜输送有固体颗粒、悬浮液体的介质。铅管分为纯铅管（软铅管）和铅合金管（硬铅管）。主要用来输送 140℃以下的酸液。铅管标称用“内径×外径”表示。

（三）非金属管材

非金属管材可大致分为陶土、水泥材质和塑料材质。陶土、水泥材质的管材耐腐蚀、价格低廉，一般作为大尺寸管子，用在不承受压力的室外排水系统中。塑料管材主要包括聚氯乙烯系列管、聚烯烃系列管、钢（铝）塑复合管、ABS、玻璃钢管材等。塑料管材具有重量轻、耐腐蚀、表面光滑、安装方便、价格低廉等优点。它是新兴的材料，在建筑设备安装工程中逐渐被广泛应用于给水、排水、热水和燃气管道中。

适用于给水和热水的管材主要有冷热水用耐热聚乙烯管、交联聚乙烯管、改性聚丙乙烯管和铝塑复合管；排水管道以硬聚氯乙烯管为主；燃气管道多用中密度聚乙烯管。

1. 冷热水用耐热聚乙烯（PE-RT）管

冷热水用耐热聚乙烯管重量轻、柔韧性好、管材长、管道接口少，系统完整性好；材质无毒，无结垢层、不滋生细菌；耐防腐，使用寿命长。工程常用的冷热水用耐热聚乙烯管有中密度和高密度两种。燃气输送管道多采用中密度管，中密度管（MDPE）有 SDR11 和 SDR17.6 系列，SDR11 系列管壁较厚，工作压力小于 0.4MPa；SDR17.6 系列管壁较薄，工作压力小于 0.2MPa；2 个系列都有 16 个规格，公称外径为 20~25mm。高密度管

(HDPE)可用于水或无害、无腐蚀的介质输送，国产高密聚乙烯包括25个规格，公称外径为16~630mm，有PE63、PE80、PE100等3个级别，每个级别有5个系列，分别适用于不同的公称压力。

2. 交联聚乙烯（PE-X）管

交联聚乙烯管是以高密度聚乙烯为主要原料，通过高能射线或化学引发剂将大分子结构转变为空间网状结构材料制成的管材。管材的内外表面应该光滑、平整、干净，不能有可能影响产品性能的明显划痕、凹陷、气泡等缺陷。管壁应无可见的杂质，管材表面颜色应均匀一致，不允许有明显色差。管材端面应切割平整交联聚乙烯管具有以下特点。

①适用温度范围广，可在-75~95℃下长期使用。

②质地坚实，有韧性，抗内压强度高，95℃下使用寿命长达50年。

③耐腐蚀，无毒，不霉变，不生锈，管壁光滑，水垢难以形成。

④热导率小，用于供热系统时无须保温。

⑤可适当弯曲，不会脆裂。

交联聚乙烯管在建筑冷热水供应、饮用水、空调冷热水、采暖管道和地板采暖盘管等场合都可应用交联聚乙烯管。

3. 无规共聚聚丙烯（PPR）管和聚丁烯（PB）管

无规共聚聚丙烯管是20世纪80年代末90年代初发展起来的新兴管材，具有重量轻、强度好、耐腐蚀、不结垢、防冻裂、耐热保温、使用寿命长等特点；但抗冲击性能差，线性膨胀系数大。无规共聚聚丙烯管公称外径为20~63mm，壁厚12.3~12.7mm，公称压力1.0~3.2MPa。可用于建筑冷热水、空调系统、低温采暖系统等场合。聚丁烯管是用聚丁烯合成的高分子聚合物制成的管材，主要应用于各种热水管道。

4. 硬聚氯乙烯（PVC-U）管

硬聚氯乙烯管是以高分子合成树脂为主要成分的有机材料，按照用途分为给水管和排水管两种。

（1）给水用硬聚氯乙烯塑料管材

给水用硬聚氯乙烯管材是以聚氯乙烯树脂为主要原料，经挤压成形的，用于输送水温不超过45℃的一般用途和生活饮用水管材。

（2）建筑排水用硬聚乙烯管材

建筑排水用硬聚氯乙烯管材是以聚氯乙烯树脂为主要原料，加入其所需的助剂，经挤出成形的，适用于民用建筑物内排水，管材规格用公称外径（DN）×公称壁厚（e）表示。

5. **氯化聚氯乙烯（CUPVC）管**

氯化聚氯乙烯管是由含氯量高达66%的过氯乙烯树脂加工而成的一种耐热管材，其具有良好的强度和韧性、耐化学腐蚀、耐老化、自熄性阻燃、热阻大等特点。规格为公称直径15~300mm，供应管长4m，公称压力有1.0MPa和1.6MPa，使用温度范围为40~95℃，适用于各种冷热水系统及污水管、废液管。

6. ABS管

ABS管是由丙烯腈-丁二烯-苯乙烯三元共聚经注射加工而形成的管材。用于稀酸液和生活水管。工作介质温度-40~80℃，工作压力小于1.0MPa。

7. **给水高密度聚乙烯（HDPE）管**

其适合于建筑物内外（架空或埋地）给水温度不超过45℃的系统，管材规格用“DN（外径）×e（壁厚）”表示，长度4m。

8. **给水低密度聚乙烯（LDPE）管**

其适合于公称压力为0.4、0.6、1.0MPa，公称外径16~110mm，输送水温40℃以下埋地给水管，管材规格用“*DN*（外径）×*e*（壁厚）”表示。

此外，还有钢衬玻璃管、钢塑复合管、耐酸橡胶管和耐酸陶瓷管等，主要用于腐蚀性、酸性介质的输送。

塑料管连接可根据不同管材采用承插连接、热熔焊接、电熔连接、胶黏连接、挤压头连接等方式。

三、管道附件

（一）金属螺纹连接管件

金属螺纹连接管子配件的材质要求密实、坚固，且有韧性，便于机械切削加工。管子配件的内螺纹应端正、整齐、无断丝，壁厚均匀一致、无砂眼，外形规整。主要用可锻铸铁、黄铜或软钢制造而成。

1. **金属螺纹连接管件**

①管路延长连接用配件：管箍、外丝（内接头）。

②管路分支连接用配件：三通（丁字管）、四通（十字管）。

③管路转弯用配件：90°头、45°弯头。

④节点碰头连接用配件：根母（六方内丝）、活接头（由任）、带螺纹法兰盘。

⑤管子变径用配件：补心（内外丝）、异径管箍（大小头）。

⑥管子堵口用配件：螺堵、管堵头。

螺纹连接管子配件的规格和所对应的管子是一致的，都以公称通径标称。同一种配件有同径和异径之分，如三通管分为同径和异径。同径管件规格的标志可以用 1 个数值或 3 个数值表示，如规格为 25 的同径三通可以写为上 25 或上 25×25×25。异径管件的规格通常用 2 个管径数值表示，前一个数表示大管径，后一个数表示小管径，如异径三通上 25×15，异径大小头 32×20。

2. **铸铁管管件**

铸铁管管件由灰铸铁制成，分为给水管件和排水管件。给水铸铁管件壁厚较厚，能承受一定的压力。连接形式有承插和法兰连接，主要用于给水系统和供热管网中。给水铸铁管件按照功能分为以下几类。

①转向连接：如 90°、45°等各种弯头。

②分支连接：如丁字管、十字管等。

③延长连接：如管子箍（套袖）。

④变径连接：如异径管（大小头）。

排水铸铁管件壁厚较薄，为无压自流管件，连接形式都是承插连接，主要用于排水系统。排水铸铁管件按照功能分为以下几类。

①转向连接：如 90°、45°弯头和乙字弯。

②分支连接：如 T 形三通和斜三通、正四通和斜四通。

③延长连接：如管子箍、异径接头。

④存水弯：如 P 形弯、S 形弯。

（二）非金属管件

1. **塑料管管件**

塑料管管件主要用于塑料管道的连接，各种功能和形式与前述各种管件相同。但由于连接方式不同，塑料管管件可大致分为熔接、承插连接、黏结和螺纹连接 4 种，熔接一般用在 PP-R 给水及采暖管道的连接，承插连接多用于排水用陶土及水泥管道连接，黏结用于排水用 UPVC 管道的连接，螺纹连接管件一般用于 PE 给水管道的连接，内部一般设有金属嵌件。

2. **挤压头连接管件**

这种管件内一般都设有卡环，管道插入管件内后，通过拧紧管件上的紧固圈，将卡环顶进管道与管件内的空隙中，起到密封和紧固作用。

在管路连接中，法兰盘既能用于钢管，也能用于铸铁管；既可以和螺纹连接配合，也可以焊接；既可以用于管子延长连接，也可作为节点连接用，所以它是一个多用途的配件。

第二节 常用通风空调管道材料

通风空调工程所用材料一般分为主材和辅材两种。主材主要指板材和型钢；辅材指常用紧固件、型钢等。

一、常用板材

（一）金属板材

金属薄板主要用于制作风管、气柜、水箱及维护结构。制作风管及风管部件用的金属薄板的板面要平整、光滑，厚度均匀一致，无脱皮、开裂、结疤及锈坑，有较好的延展性，适宜咬口加工。金属薄板的规格通常用短边和长边及厚度 3 个尺寸表示，例如1 000mm×2 000mm×1. 2mm，规格如下：

钢板和钢带（包括纵切钢带）的公称厚度 0. 30~4. 00mm；

钢板和钢带的公称宽度 600~2 050mm；

钢板的公称长度 1 000~6 000mm。

常用的金属薄板有普通钢板、镀锌钢板、塑料复合钢板、不锈钢板和铝板等。

1. 普通薄钢板与镀锌薄钢板

普通钢板加工性能好、强度较高，且价格便宜。广泛用于普通风管、气柜、水箱等的制作。镀锌钢板和塑料复合钢板主要用于空调、超净等防尘或防腐要求较高的通风系统。镀锌钢板表面因有镀锌保护层起防锈作用，一般不再刷防锈漆。塑料复合钢板是将普通薄钢板表面喷涂一层 0. 2~0. 4mm 厚的塑料，其具有较好的耐腐蚀性，用于有腐蚀气体的通风系统。不锈钢板用于化工高温环境下的耐腐蚀通风系统。铝板延展性能好，适宜咬口连接，耐腐蚀，且具有传热性能良好、在摩擦时不易产生火花的特性，常用于有防爆要求的通风系统。

普通薄钢板因其表面容易生锈，应刷油漆进行防腐，它多用于制作排气、除尘系统的风管及部件。镀锌薄钢板表面有镀锌层保护，常用于制作不含酸、碱气体的通风系统和空调系统的风管及部件。薄钢板选用时，要求表面平整、光滑，厚薄匀均，允许有紧密的氧化铁薄膜，但不得有裂纹、结疤等缺陷。

2. 不锈钢板

其表面有铬元素形成的钝化保护膜，起隔绝空气，使钢板不被氧化的作用。它具有较高的强度和硬度，韧性大，可焊性强，在空气、酸及碱性溶液或其他介质中有较高的化学稳定性。在加工和存放过程中都应特别注意，不应使板材的表面产生划痕、刮伤和凹穴等现象，因为其表面的钝化膜一旦被破坏就会降低它的耐腐蚀性。加工时，不得使用铁锤敲打，避免破坏合金元素的晶体结构，否则在被铁锤敲击处会出现腐蚀中心，产生锈斑并蔓延破坏其表面的钝化膜，从而使不锈钢板表面成片腐蚀。不锈钢板是一种不易生锈的合金钢，但不是绝对不生锈。在堆放和加工时，不应使表面划伤或擦毛，避免与碳素钢长期接触而发生电化学反应，从而保护其表面形成的钝化膜不受破坏。不锈钢板表面光洁，耐酸、碱气体、溶液及其他介质的腐蚀。所以，不锈钢板制成的风管及部件常用于化工、食品、医药、电子、仪表等工业通风系统和有较高净化要求的送风系统。印刷行业为排除含有水蒸气的排风系统也使用不锈钢板来加工风管。

不锈钢板价格高出镀锌钢板 10 倍以上。

3. 铝板及铝合金

铝板有纯铝和合金铝两种，用于通风空调工程的铝板以纯铝为多。铝板质轻、表面光洁，具有良好的可塑料性，对浓硝酸、醋酸、稀硫酸有一定的抗腐蚀能力，同时在摩擦时不会产生火花，常用于化工工程通风系统和防爆通风系统的风管及部件。

铝板不能与其他金属长期接触，否则将对铝板产生电化学腐蚀。所以铝板铆接加工时不能用碳素钢铆钉代替铝铆钉；铝板风管用角钢做法兰时，必须做防腐绝缘处理，如镀锌或喷漆。铝板风管的价格一般高出镀锌钢板风管 1 倍左右，因而比不锈钢风管应用更普遍。

铝合金板是以铝为主，加入一种或几种其他元素制作而成的。铝合金板具有较强的机械强度，比重轻，塑性及耐腐蚀性能也很好，易于加工成形。

4. 塑料复合钢板

塑料复合钢板是在普通薄钢板的表面上喷一层 0. 2~0. 4mm 厚的软质或半硬质塑料膜。这种复合板既有普通薄钢板的切断、弯曲、钻孔、铆接、咬合、折边等加工性能和较强的机械强度，又有较好的耐腐蚀性能。常用于防尘要求较高的空调系统和−10~70℃的耐腐蚀系统的风管。

（二）非金属板材

在通风与空调工程中，常用的非金属材料有硬聚氯乙烯板、玻璃钢风管等。

1. 硬聚氯乙烯塑料板

硬聚氯乙烯塑料板是由聚氯乙烯树脂掺入稳定剂和少量增塑剂加热制成的。它具有良好的耐腐蚀性，对各种酸碱类的作用均很稳定，但对强氧化剂如浓硝酸、发烟硫酸和芳香族碳氢化合物及氯化碳氢化合物是不稳定的。同时，它还具有一定强度和弹性，线膨胀系数小，热导率也不大 [$\lambda=0.15W/(m^2\cdot{}^\circ C)$]，又具有便于加工成形等优点，所以用它制作的风管及加工的风机，常用于输送温度在-10~60℃含有腐蚀性气体的通风系统中。

硬聚氯乙烯板的表面应平整，不得含有气泡、裂纹，板材的厚薄应均匀，无离层等现象。

2. 玻璃钢

玻璃钢是以玻璃纤维（玻璃布）为增强材料、以耐腐蚀合成树脂为胶黏剂复合而成的。玻璃钢制品如玻璃钢风管及部件等，具有重量轻、强度高、耐腐蚀、抗老化、耐火性好，但刚度差等特点，广泛用于纺织、印染、化工、冶金等行业中通风系统中（带有腐蚀性气体的除外)。玻璃钢风管及配件一般在玻璃钢厂用模具生产，保温玻璃钢风管可将管壁制成夹层，中间可采用聚苯乙烯、聚氨酯泡沫塑料、蜂窝纸等材料填充。

玻璃钢风管及部件，其表面不得扭曲，内表面应平整、光滑，外表面应整齐、美观，厚薄均匀，并不得有气泡、分层现象。

二、常用垫料

垫料主要用于风管法兰接口连接、空气过滤器与风管的连接及通风、空调器各处理段的连接等部位作为衬垫，以保持接口处的严密性。它应具有不吸水、不透气和较好的弹性等特点，其厚度为 3~5mm，空气洁净系统的法兰垫料厚度不能小于 5mm，一般为 5~8mm。工程中常用的垫料有石棉绳、橡胶板、石棉橡胶板、乳胶海绵板、闭孔海绵橡胶板、耐酸橡胶板、软聚氯乙烯塑料板和新型密封垫料等，可按风管壁厚、所输送介质的性质及要求密闭程度的不同来选用。

（一）橡胶板

常用的橡胶板除了在-50~150℃温度范围内具有极好的弹性外，还具有良好的不透水性、不透气性、耐酸碱和电绝缘性能和一定的扯断强力和耐疲劳强力。其厚度一般为 3~5mm。

（二）石棉绳

石棉绳是由矿物中石棉纤维加工编制而成的。可用于空气加热器附近的风管及输送温度大于 70℃的排风系统，一般使用直径为 3~5mm。石棉绳不宜作为一般风管法兰的垫料。

（三）石棉橡胶板

石棉橡胶板可分为普通石棉橡胶板和耐油石棉橡胶板，应按使用对象的要求来选用。石棉橡胶板的弹性较差，一般不作为风管法兰的垫料。但高温（大于 70℃）排风系统的风管采用石棉橡胶板作为风管法兰的垫料比较好。

（四）闭孔海绵橡胶板

闭孔海绵橡胶板是由氯丁橡胶经发泡成形，构成闭孔直径小而稠密的海绵体，其弹性介于一般橡胶板和乳胶海绵板之间，主要用于要求密封严格的部位，常用于空气洁净系统风管、设备等连接的垫片。

近年来，有关单位研制的以橡胶为基料并添加补强剂、增黏剂等填料配置而成的浅黄色或白色黏性胶带，用作通风、空调风管法兰的密封垫料。这种新型密封垫料（XM-37M 型）与金属、多种非金属材料均有良好的黏附能力，并具有密封性好、使用方便、无毒、无味等特点。XM-37M 型密封黏胶带的规格为 7 500mm×12mm×3mm 和 7 500mm×20mm×3mm，用硅酮纸成卷包装。

另外，8501 型阻燃密封胶带也是一种专门用于风管法兰密封的新型垫料，多年来已被市场认可，使用相当普遍。

垫料的材质若设计无要求时，可按下列规定选用。

①输送空气温度低于 70℃的风管，可使用橡胶板或闭孔海绵橡胶板等。

②输送空气或烟气温度高于 70℃的风管，可使用石棉或石棉橡胶板等。

③输送含有腐蚀性介质气体（酸性或碱性气体）的风管，可使用耐酸橡胶板或软聚氯乙烯板等。

④输送产生凝结水或含有蒸汽的潮湿空气的风管，应用橡胶板或闭孔海绵橡胶板。

⑤除尘系统的风管，应使用橡胶板。

⑥净化系统的风管，应选用不漏气、不产尘、弹性好及具有一定强度的材料，如软质橡胶板或闭孔海绵橡胶板，垫料厚度不得小于 5mm。严禁使用厚纸板、石棉绳等易产生尘粒的材料。

三、常用型钢

在供热及通风工程中，型钢主要用于设备框架、风管法兰盘、加固圈及管路的支、吊、托架，常用型钢种类有扁钢、角钢、圆钢、槽钢和 H 型钢等。

扁钢主要用于制作风管法兰及加固圈，以宽度×厚度表示，如 20mm×4mm。

角钢多用于风管法兰及管路支架制作，分为等边角钢和不等边角钢，以边长×厚度表示，如 40mm×40mm×4mm 角钢。

四、常用紧固件

常用紧固件主要指用于各种管路及设备的拉紧与固定所用的器件，如螺母、螺栓、铆钉及法兰螺钉等。

螺母与螺栓的螺距通常分为粗牙和细牙。粗牙普通螺距用字母“M”和公称直径表示，如 M16 表示公称直径为 16mm。细牙普通螺纹用字母“M”和公称直径及螺距表示，如 M10×1.25 表示螺距为 1.25、公称直径为 10mm 的细牙螺纹。安装工程中粗牙的螺母、螺栓用得较多。

（一）螺母

螺母按形状分六角螺母和方螺母，从加工方式的不同可分为精制、粗制和冲压螺母。

（二）螺栓

螺栓又称为螺杆，它按形状分为六角、方头和双头（无头）螺栓；按加工要求分为粗制、半精制、精制。规格表示：公称直径×长度或公称直径×长度×螺纹长度。

（三）垫圈

垫圈分为平垫圈和弹簧垫圈。平垫圈垫于螺母下面，增大螺母与被紧固件间的接触面积，降低螺母作用在单位面积上的压力，并起保护被紧固件表面不受摩擦损伤的作用。

弹簧垫圈富有弹性，能防止螺母松动，适用于常受振动处。它分为普通与轻型两种，规格与所配合使用的螺栓一致，以公称直径表示。

（四）膨胀螺栓

膨胀螺栓又称胀锚螺栓，可用于固定管道支架及作为设备地脚专用紧固件。采用膨胀螺栓可以省去预埋件及预留孔洞，且能提高安装速度和工程质量，节约材料，降低成本。膨胀螺栓形式繁多，但大体上可分为两类，即锥塞型和胀管型。这两类螺栓中有采用钢材制造的钢制膨胀螺栓，也有采用塑料胀管、尼龙胀管、铜合金胀管及不锈钢的膨胀螺栓。

锥塞型膨胀螺栓适用于钢筋混凝土建筑结构。它是由锥塞（锥台）、带锥套的胀管（也有不带锥套的）、六角螺栓（或螺杆和螺母）组成的。使用时，靠锥塞打入胀管，于是胀管径向膨胀使胀管紧塞于墙孔中。胀管前端带有公制内螺纹，可拧入螺栓或螺杆。为防止螺栓受振动影响引起胀管松动，可采用锥塞带内螺纹的膨胀螺栓。

胀管型膨胀螺栓适用于砖、木及钢筋混凝土等建筑结构。它是由带锥头的螺杆、胀管（在一端开有四条槽缝的薄壁短管）及螺母组成的。使用时，随着螺母的拧紧，胀管随之膨胀紧塞于墙孔中。对于受拉或受动载荷作用的支架、设备，宜使用这种膨胀螺栓。

用聚氯乙烯树脂做胀管的膨胀螺栓使用时，将其打入钻好的孔中，当拧紧螺母时，胀管被压缩沿径向向外鼓胀，从而螺栓更加紧固于孔中。当螺母放松后，聚氯乙烯树脂胀管又恢复原状，螺栓可以取出再用。这种螺栓对钢筋混凝土、砖及轻质混凝土等低密度材质的建筑结构均适用。

（五）射钉

射钉和膨胀螺栓一样，近几年来开始广泛地用于安装工程。射钉埋置不用钻孔，而是借助射钉枪中弹药爆炸的能量，将钢钉直接射入建筑结构中。射钉是一种专用特制钢钉，它可以安全准确地射在砖墙、钢筋混凝土构件、钢质或木质构件上指定的位置。

用射钉安装支架与设备，位置准确、速度快，不用其他动力设施，并可节省能源和材料。

射钉选用时，要考虑载荷量、构件的材质和钉子埋入深度。根据射钉的大小选用射钉弹，M10 的射钉打入 80 号砖深度 50mm，需弹药 1. 0g；打入 300 号混凝土深度 50mm，需弹药 1. 3g；打透 10mm 厚的钢板用弹药重为 1. 5g。

为保证射钉安全，防止事故发生，射钉枪设有安全装置。装好射钉和弹药的射钉枪，在对空射击时弹药不会击发，枪口必须对着实体并用 30~50N 的压力使枪管向后压缩到规定位置时，扣动扳机才能击发，这就保证了安全。

射钉是靠对基体材料的挤压所产生的摩擦力而紧固的。射钉紧固件轻型和中型静载荷，不宜承受振动载荷和冲击载荷。

射钉生产已做到系列化，常用的有十几种，分为两类：一种是一端带有公制普通螺纹的射钉；另一种是圆头射钉有 M6、M8、M10 和 HM6、HM8、HM10 等系列。

（六）铆钉

铆钉是用于板材、角钢法兰与金属风管间连接的紧固件。按其形式不同可分为圆头（蘑菇顶）铆钉和平头铆钉；按材质不同可分为钢铆钉和铝铆钉，铝铆钉又分为实芯、抽芯、击芯等形式。

铆钉规格以铆钉直径×钉杆长度表示，如 5mm×8mm、6mm×10mm。钢铆钉在使用前要进行退火处理。

第三节 常用阀门和法兰

一、常用阀门

水暖系统所用阀门种类较多，它一般是用来控制管道机器设备流体工况的一种装置，在系统中起到控制调节流速、流量、压力等参数的作用。

（一）阀门的分类

根据不同的功能，阀门有很多种类，如截止阀、闸阀、节流阀、旋塞阀、球阀、止回阀、减压阀、安全阀、浮球阀、疏水阀等。但按其动作特点，可归纳为手动阀门、动力驱动阀门和自动阀门。手动阀门靠人力手工驱动；动力驱动阀门需要其他外力操纵阀门，按不同驱动外力，动力驱动阀门又可分为电动阀门、液压阀门、气动阀门等形式；自动阀门是借用于介质本身的流量、压力、液位或温度等参数发生的变化而自行动作的阀门，如止回阀、安全阀、浮球阀、减压阀、跑风阀、疏水阀等。按承压能力，可分为真空阀门、低压阀门（PN≤1.6MPa）、中压阀门（1.6MPa<PN≤10MPa）、高压阀门（10MPa<PN≤100MPa）、超高压阀门（PN>100MPa）。一般建筑设备系统中所采用的阀门多为低压阀门。各种工业管道及大型电站锅炉采用中压、高压或超高压阀门。

（二）按作用和用途

1. 关断阀

这类阀门是起开闭作用的。常设于冷、热源进、出口，设备进、出口，管路分支线（包括立管）上，也可用作放水阀和放气阀。常见的关断阀有闸阀、截止阀、球阀和蝶阀等。

闸阀可分为明杆和暗杆、单闸板与双闸板、楔形闸板与平行闸板等。闸阀关闭严密性不好，大直径闸阀开启困难；沿水流方向阀体尺寸小，流动阻力小，闸阀公称直径跨度大。

截止阀按介质流向分直通式、直角式和直流式 3 种，有明杆和暗杆之分。截止阀的关闭严密性较闸阀好、阀体长，流动阻力大，最大公称直径为 DN200。

球阀的阀芯为开孔的圆球。板动阀杆使球体开孔正对管道轴线时为全开，转 90°为全闭。球阀有一定的调节性能，关闭较严蝶阀的阀芯为圆形阀板，它可沿垂直管道轴线的立轴转动。当阀板平面与管子轴线一致时，为全开；闸板平面与管子轴线垂直时，为全闭。蝶阀阀体长度小，流动阻力小，比闸阀和截止阀价格高。

2. 止回阀

这类阀门用于防止介质倒流，利用流体自身的动能自行开启，反向流动时自动关闭。常设于水泵的出口、疏水器出口以及其他不允许流体反向流动的地方。止回阀分旋启式、升降式和对夹式 3 种。对于旋启式止回阀，流体只能从左向右流动时，反向流动时自动关闭。对于升降式止回阀，流体从左向右流动时，阀芯抬起，形成通路，反向流动时阀芯被压紧到阀座上而被关闭。对于对夹式止回阀，流体从左向右流动时，阀芯被开启，形成通路，反向流动时阀芯被压紧到阀座上而被关闭，对夹式止回阀可多位安装、体积小、重量轻、结构紧凑。

3. 调节阀

阀门前后压差一定，普通阀门的开度在较大范围内变化时，其流量变化不大，而到某一开度时，流量急剧变化，即调节性能不佳。调节阀可以按照信号的方向和大小，改变阀芯行程来改变阀门的阻力数，从而达到调节流量目的的阀门。调节阀分手动调节阀和自动调节阀，而手动或自动调节阀又分许多种类，其调节性能也是不同的。自动调节阀有自力式流量调节阀和自力式压差调节阀等。

4. 真空类

真空类包括真空球阀、真空挡板阀、真空充气阀、气动真空阀等。其作用是在真空系统中，用来改变气流方向、调节气流量大小，切断或接通管路的真空系统元件称为真空阀门。

5. 特殊用途类

特殊用途类包括清管阀、放空阀、排污阀、排气阀、过滤器等。

排气阀是管道系统中必不可少的辅助元件，广泛应用于锅炉、空调、石油天然气、给排水管道中。往往安装在制高点或弯头等处，排除管道中多余气体、提高管道使用效率及降低能耗。

（三）阀门的识别

阀门的类别、驱动方式和连接形式，可以从阀件的外形加以识别。公称直径、公称压力（或工作压力）和介质温度及介质流动方向。对于阀体材料、密封圈材料及带有衬里的阀件材料，必须根据阀件各部位所涂油漆的颜色来识别。

（四）阀门清洗步骤

阀门的零部件在组装前必须经过以下过程处理。

①根据加工要求，部分零部件需要做抛光处理，表面不能有加工毛刺等。

②所有零部件进行脱脂处理。

③脱脂完成后进行酸洗钝化，清洗剂不含磷。

④酸洗纯化后用纯净水冲洗干净，不能有药剂残留，碳钢部件省去此步骤。

⑤逐个零部件用无纺布进行擦干，不能有线毛等留存部件表面，或者用洁净的氮气进行吹干。

⑥用无纺布或者精密滤纸蘸分析纯酒精对逐个零部件进行擦拭，直至没有脏色。

（五）阀门日常保养

①阀门存放环境需注意，应存放在干燥通风的室内，且堵塞通路两端。

②阀门应定期检查，并清除其上的污物，涂抹涂防锈油在其表面。

③安装应用后的阀门，应对其进行定期检修，以确保其正常工作。

④应查看阀门密封面是否磨损，并根据情况进行维修或更换。

⑤检查阀杆和阀杆螺母的梯形螺纹磨损情况、填料是否过时失效等，并进行必要的更换。

⑥应对阀门的密封性能进行试验，确保其性能。

⑦运行中的阀门应完好，法兰和支架上的螺栓齐全，螺纹无损，没有松动现象。

⑧如手轮丢失，应及时配齐，而不能够用活扳手代替。

⑨填料压盖不允许歪斜或无预紧间隙。

⑩如果阀门使用环境较为恶劣，易受雨雪、灰尘、风沙等污物沾染，则应该为阀杆安装保护罩。

⑪阀门上的标尺应保持完整、准确、清晰，阀门的铅封、盖帽。

⑫保温夹套应无凹陷、裂纹。

⑬运行中的阀门，避免对其敲打，或者支撑重物等。

二、常用法兰

法兰（Flange），又叫法兰凸缘盘或突缘。法兰是轴与轴之间相互连接的零件，用于管端之间的连接；也有用在设备进出口上的法兰，用于 2 个设备之间的连接，如减速机法兰。法兰连接或法兰接头，是指由法兰、垫片及螺栓三者相互连接作为一组组合密封结构的可拆连接。管道法兰系指管道装置中配管用的法兰，用在设备上系指设备的进出口法兰。法兰上有孔眼，螺栓使两法兰紧连。法兰间用衬垫密封。法兰分螺纹连接（丝扣连接）法兰、焊接法兰和卡夹法兰。法兰都是成对使用的，低压管道可以使用丝接法兰，四公斤以上压力的使用焊接法兰。两片法兰盘之间加上密封垫，然后用螺栓紧固。不同压力的法兰厚度不同，它们使用的螺栓也不同。在和管道连接时，水泵和阀门等器材设备的局部，也制成相对应的法兰形状，也称为法兰连接。凡是在2个平面周边使用螺栓连接同时封闭的连接零件，一般都称为“法兰”，如通风管道的连接，这一类零件可以称为“法兰类零件”。但是这种连接只是一个设备的局部，如法兰和水泵的连接，就不好把水泵叫“法兰类零件”。比较小型的如阀门等，可以叫“法兰类零件”。

（一）法兰类型

法兰一般由钢板加工而成，也有铸钢法兰和铸铁螺纹法兰。根据法兰与管子连接方式不同，法兰可分为平焊法兰、对焊法兰、松套法兰和螺纹法兰等。

1. 平焊法兰

平焊法兰又叫搭焊法兰，多用钢板制作，易于制造、成本低，应用最为广泛。但法兰刚度差，在温度和压力较高时易发生泄漏。平焊法兰一般用于公称压力小于等于2.5MPa、温度小于等于300℃的中低压管道。

2. 对焊法兰

由于法兰上有一小段锥形短管（管埠），所以又叫高颈法兰。连接时，管道与锥形短管对口焊接。对焊法兰多由铸钢或锻钢制造，刚度较大，在较高的压力和温度条件下（尤其在温度波动条件下）也能保证密封。适用于工作压力小于等于20MPa，温度350~450℃的管道连接。

3. 松套法兰

松套法兰又叫活动法兰，法兰与管子不固定，而是活动地套在管子上。连接时，靠法兰挤压管子的翻边部分，使其紧密结合，法兰不与介质接触。松套法兰多用于铜、铝等有色金属及不锈钢管道的连接。

4. 螺纹法兰

螺纹法兰与管端采用螺纹连接，管道之间采用法兰连接。法兰不与介质接触，常用于高压管道或镀锌管连接。螺纹法兰有钢制和铸铁两种。

（二）法兰垫圈

法兰连接的接口为了严密、不渗不漏，必须加垫圈，法兰垫圈厚度一般为3~5mm，垫圈材质根据管内流体介质的性质或同一介质在不同温度和压力的条件下选用，常见的垫圈材料有橡胶板、石棉板、塑料板、软金属板等。

法兰连接用的螺栓规格应符合标准，螺栓拧紧后露出的螺纹长度不应大于螺栓直径的一半。螺栓在使用前应刷防锈漆 1~2 遍，面漆与管道一致。安装时，螺栓的朝向应一致。

第四节 常用防腐和绝热材料

一、防腐材料

防腐材料是抑制被防腐对象发生化学腐蚀和电化学腐蚀的一种材料。在安装工程中常用的防腐材料主要有各种有机和无机涂料、玻璃钢、橡胶制品、无机板材等。

（一）分类

涂料可分为两大类：油基漆（成膜物质为干性油类）和树脂基漆（成膜物质为合成树脂）。它是通过一定的涂覆方法涂在物体表面，经过固化而形成的薄涂层，从而保护设备、管道和金属结构等表面免受化工大气及酸、碱等介质的腐蚀作用。

防锈漆和底漆涂料按其所起作用，可分为底漆和面漆两种。它们的区别是底漆的颜料较多，可以打磨，漆料着重对物面的附着力，而防锈漆其漆料片中在满足耐水、耐碱等性能的要求。

1. 生漆（也称大漆）

灰褐色黏稠液体，具有耐酸性、耐溶剂性、抗水性、耐油性、耐磨性和附着力强等优点；缺点是不耐强碱及强氧化剂，毒性大。使用温度为 150℃。

2. 漆酚树脂漆

由生漆脱水缩聚用有机溶剂稀释而成的，改变了生漆毒性大、干燥慢、施工不便等缺点，但其不耐阳光紫外线照射，同时不能久置。

3. 酚醛树脂漆

具有良好的电绝缘性和耐油性，能耐 60%硫酸、盐酸、一定浓度的醋酸和磷酸、大多数盐类和有机溶剂等介质腐蚀，但不耐强氧化剂和碱。

4. 环氧–酚醛漆

由环氧树脂和酚醛树脂溶于有机溶剂中（如二甲苯、醋酸丁酯、环己酮等）配制而成。具有良好的机械性能、耐碱、耐酸、耐溶和电绝缘性。

5. 环氧树脂涂料

具有良好的耐腐蚀性能，特别是耐碱性，并有较好的耐磨性，漆膜有良好的弹性和硬度，收缩率较低，使用温度一般为 90~100℃。

6. 过氯乙烯漆

具有良好的耐工业大气、耐海水、耐酸、耐油、耐盐雾、防霉、防燃烧等性能，但不耐酚类、酮类、脂类和苯类等有机溶剂介质的腐蚀。最高使用温度约70℃，此外它与金属表面附着力不强。

7. 沥青漆

价格低廉使用较多，常温下能耐氧化氮、二氧化硫、三氧化硫、氮气、酸雾、氯气、低浓度的无机盐和浓度40%以下的碱、海水、土壤、盐类溶液以及酸性气体等介质腐蚀。但不耐油类、醇类、脂类、烃类等有机溶剂和强氧化剂等介质腐蚀，并且对阳光稳定性较差，耐热度在60℃。

8. 呋喃树脂漆

具有优良的耐酸、耐碱、耐温性，原料来源广泛、价格低廉。缺点是存在性脆、与金属附着力差、干后会收缩。

9. 聚氨基甲酸酯漆

最高耐热度为155℃，有良好的耐化学腐蚀性、耐油性、耐磨性和附着力，漆膜韧性和电绝缘性均较好。

10. 无机富锌漆

施工简单，价格便宜，具有良好的耐水性、耐油性、耐溶剂性及耐干湿交替的盐雾，适用于海水、清水、海洋大气、工业大气和油类等介质。耐热度为160℃左右。

11. 新型涂料

①聚氨酯漆。施工方便、无毒、造价低，并且耐酸、耐盐、耐各种稀释剂。

②环氧煤沥青。主要由环氧树脂、煤沥青、填料和固化剂组成。它综合了环氧树脂的机械强度高、黏接力大、耐化学介质侵蚀和煤沥青耐腐蚀等优点。涂层使用温度在-40～150℃之间。在酸、碱、盐、水、汽油、煤油、柴油等一般稀释剂中长期浸泡无变化。

③三聚乙烯防腐涂料。具有良好的机械强度、电性能、抗紫外线、抗老化和抗阳极剥离等性能，防腐寿命可达20年以上。

（二）结构

涂料的品种虽然很多，但就其组成而言，大体上可以分为三部分：主要成膜物质、次要成膜物质和辅助成膜物质。

1. 主要成膜物质

①油料。油料是自然界的产物，来自植物种子和动物脂肪。油料的干燥固化反应主要

是空气中的氧和油料中的不饱和双键起聚合作用。天然油料的各方面性能，特别是耐腐蚀、耐老化性能比不上许多合成树脂，很少用它单独做防腐蚀涂料，但它能与一些金属氧化物或金属皂化物在一起对金属起防锈作用，所以油料可用来改性各种合成树脂以制取配套防锈底漆。

②天然树脂和合成树脂。天然树脂是指沥青、生漆、天然橡胶等。合成树脂是指环氧树脂、酚醛树脂、呋喃树脂、聚酯树脂、聚氨酯树脂和乙烯类树脂、过氯乙烯树脂和含氟树脂等，它们都是常用的耐腐蚀涂料中的主要成膜物质。

2. 次要成膜物质（颜料）

颜料是涂料的主要成分之一，在涂料中加入颜料不仅使涂料具有装饰性，更重要的是能改善涂料的物理和化学性能，提高涂层的机械强度、附着力、抗渗性和防腐蚀能力等，还有滤去有害光波的作用，从而增进涂层的耐候性和保护性。主要分为防锈颜料、体质颜料和着色颜料。

①防锈颜料。按照防锈的机理不同可分为化学防锈颜料，如红丹、锌铬黄、锌粉、磷酸锌和有机铬酸盐等，这类颜料在涂层中是借助化学或电化学的作用起防锈作用；物理性防锈颜料，如铝粉、云母氧化铁、氧化锌和石墨粉等，其主要功能是提高漆膜的致密度，降低漆膜的可渗性，阻止阳光和水分的透入，以增强涂层的防锈效果。

②体质颜料。体质颜料可提高涂层的耐候性、抗渗性、耐磨性和物理机械强度等，常用的有滑石粉、碳酸钙、硫酸钡、云母粉和硅藻土等。

③着色颜料。着色颜料在涂料中主要起着色和遮盖膜面的作用。

3. 辅助成膜物质

①溶剂。在涂料中主要起着溶解成膜物质、调整涂料黏度、控制涂料干燥速度等方面的作用。溶剂对涂料的一些特性，如涂刷阻力、流平性、成膜速度、流淌性、干燥性、胶凝性、浸润性和低温使用性等都会产生影响。

②其他辅助材料。

增塑剂：用来提高漆膜的柔韧性、抗冲击性和克服漆膜硬脆性、易裂的缺点。

触变剂：使涂料在刷涂过程中有较低的黏度，以易于施工。

催干剂：加速漆膜的干燥。

表面活性剂、防霉剂、紫外线吸收剂和防污剂等。

涂料的型号分 3 个部分：第一部分为成膜物质；第二部分为基本名称，用两位数字表示；第三部分是序号，例如 H 50-2 表示环氧树脂耐酸漆。

二、绝热材料

绝热材料是指能阻滞热流传递的材料，又称热绝缘材料。传统绝热材料，如玻璃纤维、石棉、岩棉、硅酸盐等；新型绝热材料，如气凝胶毡、真空板等。它们用于建筑围护或者热工设备、阻抗热流传递的材料或者材料复合体，既包括保温材料，也包括保冷材料。绝热材料一方面满足了建筑空间或热工设备的热环境，另一方面也节约了能源。因此，有些国家将绝热材料看作继煤炭、石油、天然气、核能之后的“第五大能”。

绝热材料分为多孔材料、热反射材料和真空材料三类。前者利用材料本身所含的孔隙隔热，因为空隙内的空气或惰性气体的导热系数很低，如泡沫材料、纤维材料等；热反射材料具有很高的反射系数，能将热量反射出去，如金、银、镍、铝箔或镀金属的聚酯、聚酰亚胺薄膜等。真空绝热材料是利用材料的内部真空达到阻隔对流来隔热。航空航天工业对所用隔热材料的重量和体积要求较为苛刻，往往还要求它兼有隔音、减振、防腐蚀等性能。各种飞行器对隔热材料的需要不尽相同。飞机座舱和驾驶舱内常用泡沫塑料、超细玻璃棉、高硅氧棉、真空隔热板来隔热。导弹头部用的隔热材料早期是酚醛泡沫塑料，随着耐温性好的聚氨酯泡沫塑料的应用，又将单一的隔热材料发展为夹层结构。导弹仪器舱的隔热方式是在舱体外蒙皮上涂一层数毫米厚的发泡涂料。

在常温下作为防腐蚀涂层，当气动加热达到 200°C 以上时，便均匀发泡而起隔热作用。人造地球卫星是在高温、低温交变的环境中运动，需使用高反射性能的多层隔热材料，一般是由几十层镀铝薄膜、镀铝聚酯薄膜、镀铝聚酰亚胺薄膜组成。另外，表面隔热瓦的研制成功解决了航天飞机的隔热问题，同时也标志着隔热材料发展的更高水平。

（一）原理

热传递在建筑物热量交换中表现为 3 种方式：传导热、对流热、辐射热。

夏天瓦屋面温度升高后，大量辐射热进入室内导致温度持续上升，工作与生活环境极不舒服。

Dike 铝箔卷材的太阳辐射吸收系数（法向全辐射放射率）0.07，放射热量很少。被广泛应用于屋面与墙体的隔热保温。

热能传播路线（不加隔热膜）：太阳—红外线磁波—击现浇屋面使温度升高—现浇屋面成为热源放射出热能—热能撞击瓦片使温度升高—瓦片成为热源放射出热能—热能撞—室内环境温度持续升高。

热能传播路线（加隔热膜）：太阳—红外线磁波—铝箔使表面温度升高—铝箔放射率极低，放射少量热能—室内保持舒适的环境温度。

热能撞击瓦片使温度升高—瓦片成为热源放射出热能—热能撞击。

（二）分类

绝热材料一般是轻质、疏松、多孔的纤维状材料。按其成分不同可以分为有机材料和无机材料两大类。

热力设备及管道保温用的材料多为无机绝热材料。此类材料具有不腐烂、不燃烧、耐高温等特点，如石棉、硅藻土、珍珠岩、气凝胶毡、玻璃纤维、泡沫混凝土和硅酸钙等。

低温保冷工程多用有机绝热材料。此类材料具有表观密度小、热导率低、原料来源广、不耐高温、吸湿时易腐烂等特点，如软木、聚苯乙烯泡沫塑料、聚氨基甲酸酯、牛毛毡和羊毛毡等。

按照绝热材料的使用温度限度可以分为高温用、中温用和低温用绝热材料 3 种。

高温用绝热材料，使用温度可在 700℃以上。这类纤维质材料有硅酸铝纤维和硅纤维等；多孔质材料有硅藻土、蛭石加石棉和耐热黏合剂等制品。

中温用绝热材料，使用温度在 100~700℃。中温用纤维质材料有气凝胶毡、石棉、矿渣棉和玻璃纤维等；多孔质材料有硅酸钙、膨胀珍珠岩、蛭石和泡沫混凝土等。

低温用绝热材料，使用温度在 100℃以下的保冷工程中。

第五节 常用水暖施工安装机具

一、管道切断机具

（一）小型切管机

切割安装工程常用的小型切管机有手工钢锯、机械锯、滚刀切管器和砂轮切割机，它们的工作原理及操作方法如下。

1. 手工钢锯

手工钢锯切割是工地上广泛应用的管子切割方法。钢锯由锯弓和锯条构成。锯弓前部可旋转、伸缩，方便锯条安装，后部的拉紧螺栓用于拉紧、固定锯条。锯条分细齿和粗齿，细齿锯齿低、齿距小、进刀量小，与管子接触的锯齿多，不易卡齿，用于锯切材质较硬的薄壁金属管子；粗齿锯齿高、齿距大，适用于厚壁有色金属管道、塑料管道或一般管径的钢管锯切。使用钢锯切割管子时，锯条平面必须始终保持与管子垂直，以保证断面平整。

手工钢锯切割的优点是设备简单、灵活方便，切口不收缩和不氧化。缺点是速度慢、费力，切口平整较难掌握。适用于现场切割量不大的小管径金属管道、塑料管道和橡胶管道的切割。

2. 机械锯

机械锯有两种：一种是装有高速锯条的往复锯弓锯床，可以切割直径小于 220mm 的各种金属管和塑料管；另一种是圆盘式机械锯，锯齿间隙较大，适用于有色金属管和塑料管切割。使用机械锯时，要将管子放平稳并夹紧，锯切前先开锯空转几次；管子快锯完时，适当降低速度，以防管子突然落地伤人。

3. 滚刀切管器

滚刀切管器由滚刀、刀架和手柄组成，适用于切割管径小于 100mm 的钢管。切管时，用压力钳将管子固定好，然后将切管器刀刃与管子切割线对齐，管子置于 2 个滚轮和 1 个滚刀之间，拧动手柄，使滚轮夹紧管子，然后进刀边沿管壁旋转，将管子切割。滚刀切管器切割钢管速度快，切口平整，但会产生缩口，必须用绞刀刮平缩口部分。

4. 砂轮切割机

砂轮切割机切管是利用高速旋转的砂轮片与管壁接触摩擦切削，将管壁磨透切割。使用砂轮切割机时，要将管子夹紧，砂轮片要与管子保持垂直，开启切割机，等砂轮转速正常以后再将手柄下压，下压进刀不能用力过猛。砂轮切割机切管速度快，移动方便，省时省力，但噪声大，切口有毛刺。砂轮机能切割管径小于 150mm 的管子，特别适合切割高压管和不锈钢管，也可用于切割角钢、圆钢等各种型钢。

（二）氧气-乙炔焰切割

氧气-乙炔焰切割是利用氧气和乙炔气混合燃烧产生的高温火焰加热管壁，烧至钢材呈黄红色（1100~1150℃），然后喷射高压氧气，使高温的金属在纯氧中燃烧生成金属氧化物熔渣，又被高压氧气吹开，割断管子。

氧气-乙炔切焰割有手工氧气-乙炔焰切割和机械氧气-乙炔焰切割机切割。

1. 手工氧气-乙炔焰切割

手工氧气-乙炔焰切割的装置有乙炔发生器或乙炔气瓶、氧气瓶、割炬和橡胶管。

氧气瓶是由合金钢或优质碳素钢制成的，容积为 38~40L。满瓶氧气的压力为 15MPa，必须经压力调节器降压使用。氧气瓶内的氧气不得全部用光，当压力降到 0.3~0.5MPa 时应停止使用。氧气瓶不可沾油脂，也不可放在烈日下曝晒，与乙炔发生器的距离要大于 5m，距离操作地点应大于 10m，防止发生安全事故。

乙炔发生器是利用电石和水发生反应产生乙炔气的装置。工地上用得较多的是钟罩式乙炔发生器和滴水式乙炔发生器。钟罩式乙炔发生器钟罩中装有电石的篮子沉入水中后，电石与水反应产生乙炔气，乙炔气聚集于罩内，当罩内压力与浮力之和等于钟罩总重量时，钟罩浮起，停止反应。滴水式乙炔发生器采取向电石滴水产生乙炔气，调节滴水量可控制乙炔气产气量。

为方便使用，也可设置集中式乙炔发生站，将乙炔气装入钢瓶，输送到各用气点使用。乙炔气瓶容积为 5～6L，工作压力为 0.03MPa，用碳素钢制成，使用时应竖直放置。割炬由割嘴、混合气管、射吸管、喷嘴、预热氧气阀、乙炔阀和切割气阀等构成。其作用是：一方面，产生高温氧气-乙炔焰，熔化金属；另一方面，吹出高压氧气，吹落金属氧化物。

切割前，先在管子上画线，将管子放平稳，并除锈渣，管子下方应留有一定的空间；切割时，先调整割炬，待火焰呈亮红色后，再逐渐打开切割氧气阀，按照画线进行切割；切割完成后应快速关闭氧气阀，再关闭乙炔阀和预热氧气阀。

2. 机械氧气-乙炔焰切割机切割

固定式机械氧气-乙炔焰切割机由机架、割管传动机构、割枪架、承重小车和导轨等组成。工作原理是割枪架带动割枪做往复运动，传动机构带动被切割的管子旋转。固定式机械氧气-乙炔焰切割机全部操作不用画线，只需调整割枪位置，切割过程自动完成。

便携式氧气-乙炔焰切割机为一个四轮式刀架座，用两根链条紧固在被切割的管壁上。切割时摇动手轮，经过减速器减速后，刀架座绕管子移动，固定在架座上的割枪完成切割作业。

氧气-乙炔切割操作方便、适用灵活，效率高、成本低，适用于各种管径的钢管、低合金管、铅管和各种型钢的切割，一般不用于不锈钢管、高压管和铜管的切割，切割不锈钢管和耐热钢管可以采用氧溶剂切割机，不锈钢管也可用空气电弧切割机切割。

（三）大型机械切管机切割

大直径钢管除用氧气-乙炔切割外，还可以采用机械切割。切割坡口机由单相电动机、主体、传动齿轮装置、刀架等部分组成，能同时完成坡口加工和切割管径 75～600mm 的钢管。

二、管螺纹加工机具

由于管路连接中各种管件大都是内螺纹，所以管螺纹的加工主要是指管端外螺纹的加工。管螺纹加工要求螺纹端正、光滑、无毛刺、无断丝缺扣（允许不超过螺纹全长的高），螺纹松紧度适宜，以保证螺纹接口的严密性。管螺纹加工可采用人工绞板套丝或电动套丝机套丝。两种套丝装置机构基本相同，即绞板上装着板牙，用以切削管壁产生螺纹。

（一）人工套丝绞板

在绞板的板牙架上设有 4 个板牙滑轨，用于装置板牙；带有滑轨的活动标盘可调节板牙进退；绞板后均设有三卡爪，通过可调节卡爪手柄可以调整卡爪的进出，套丝时用以把绞板固定在不同管径的管子上。一般在板牙尾部及板牙孔处均印有 1、2、3、4 序号字码，以便对应装入板牙，防止顺序装乱造成乱丝和细丝螺纹。板牙每组四块，能套两种管径的螺纹，使用时应按管子规格选用对应的板牙。

（二）手工套丝

套丝前首先将管子端头的毛刺处理掉，管口要平直。将管子夹在压力钳上，加工端伸出钳口 150mm 左右，在管头套丝部分涂以润滑油；然后套上绞板，通过手柄定好中心位置，同时使板牙的切削牙齿对准管端，再使张开的板牙合拢，进行第一遍套丝。第一遍套好后，拧开板牙，取下绞板。将手柄转到第二个位置，使板牙合拢，进行第二遍套丝。

为了避免断丝、龟裂，保证螺纹标准、光滑，公称直径在 25mm 以下的小口径管道管螺纹套两遍为宜，公称直径在 25mm 以上的管螺纹套三遍为宜。

管螺纹的加工长度与被连接件的内螺纹长度有关。连接各种管件内螺纹一般为短螺纹，如连接三通、弯头、活接头、阀门等部件。当采用长丝连接时（即用锁紧螺母组成的长丝），需要加工长螺纹。

采用绞板加工管螺纹时，常见缺陷及产生的原因有以下几种。

①螺纹不正。产生的原因是绞板中心线和管子中心线不重合或手工套丝时两臂用力不均使绞板被推歪；管子端面锯切不正也会引起套丝不正。

②偏扣螺纹。由于管壁厚薄不均匀或卡爪未锁紧所造成。

③细丝螺纹。由于板牙顺序弄错或板牙活动间隙太大所造成；对于手工套丝，一个螺纹要经过 2~3 遍套丝完成，若第二遍未与第一遍对准，也会出现细丝或乱丝。

④螺纹不光或断丝缺扣。由套丝时板牙进刀量太大、板牙不锐利或损坏、套丝时用力过猛或用力不均匀，以及管端上的铁渣积存等原因引起。为了保证螺纹质量，套丝时第一次进刀量不可太大。

⑤管螺纹有裂缝。若出现竖向裂缝，是由焊接钢的焊缝未焊透或焊缝不牢所致；如果螺纹有横向裂缝，则是板牙进刀量太大或管壁较薄而产生。

（三）电动机械套丝

电动套丝机一般能同时完成钢管切割和管螺纹加工，加工效率高，螺纹质量好，工人劳动强度低，因此得到广泛应用。电动套丝在结构上分为两大类：一类是刀头和板牙可以转动，管子卡住不动；另一类是刀头和板牙不动，管子旋转。施工现场多采用后者。

电动套丝机的主要基本部件包括机座、电动机、齿轮箱、切管刀具、卡具、传动机构等，有的还有油压系统、冷却系统等。

为了保证螺纹加工质量，在使用电动机械套丝机加工螺纹时要施以润滑油。有的电动机械套丝机设有乳化液加压泵，采用乳化液作冷却剂及润滑剂。为了处理钢管切割后留在管口内的飞刺，有些电动套丝机设有内管口铣头，当管子被切刀切下后，可用内管口铣头来处理这些飞刺。由于切削螺纹不允许高速运行，电动套丝机中需要设置齿轮箱，主要起减速作用。

（四）管口螺纹的保护

管口螺纹加工后必须妥善保护。最好的方法是将管螺纹临时拧上一个管箍（也可采用塑料管箍），如果没有管箍可采用水泥袋纸临时包扎一下，这样可防止在工地短途运输中碰坏螺纹。如果在工地现场边套丝边安装，可不必采取管箍或水泥袋纸保护，但也要精心保护，避免磕碰。管螺纹加工后，若需放置，要在螺纹上涂些废机油，然后再加以保护，以防生锈。

三、钢管冷弯常用机具

钢管冷弯法是指钢管不加热，在常温下进行弯曲加工。由于钢管在冷态下塑性有限，弯曲过程费力，所以冷煨弯适用于管径小于 175mm 的中小管径和较大弯曲半径（$R \geqslant 2D$）的钢管。冷弯法有手工冷弯和机械冷弯，手工冷弯借助弯管板或弯管器弯管；机械冷弯依靠外力驱动弯管机弯管。

（一）手工冷弯法

1. 弯管板冷弯

冷弯最简便的方法是弯管板煨弯。弯管板可用厚度 30～40mm、宽 250～300mm、长 150mm 左右的硬质木板制成。板上按照须煨弯的管子外径开圆孔，煨弯时，将管子插入孔中，加上套管，作为杠杆，以人工施力压弯。这种方法适用于煨制管径较小和弯曲角不大的弯管，如连接散热器的支管来回弯。

2. 滚轮弯管器冷弯

它是由固定滚轮、活动滚轮、管子夹持器及杠杆组成。弯管时，将要弯曲的管子插入两滚轮之间，一端由夹扶器固定，然后转动杠杆，则使活动轮带动管子绕固定轮转动，管子被拉弯，达到需要的弯曲角度后停止转动杠杆。这种弯管器的缺点是每种滚轮只能弯曲一种管径的管子，需要准备多套滚轮，且使用时笨重，费体力，只能弯曲管径小于 25mm 的管子。

3. 小型液压弯管机弯管

小型液压弯管机以 2 个固定的导轮作为支点，两导轮中间有一个弧形顶胎，顶胎通过顶棒与液压机连接。弯管时，将要弯曲的管段放入导轮和顶胎之间，采用手动油泵向液压机打压，液压机推动顶棒使管子受力弯曲。小型液压弯管机弯管范围为管径 15~40mm，适合施工现场安装采用。当以电动活塞泵代替人力驱动时，弯管管径可达 125mm。

（二）机械冷弯法

钢管煨弯采用手工冷弯法工效较低，既费体力又难以保证质量，所以对管径大于 25mm 的钢管一般采用机械弯管机。机械弯管的弯管原理有固定导轮弯管和转动导轮弯管。固定导轮弯管是导轮位置不变，管子套入夹圈内，由导轮和压紧导轮夹紧，随管子向前移动，导轮沿固定圆心转动，管子被弯曲。转动导轮弯管在弯曲过程中，导轮一边转动，一边向下移动。机械弯管机有无芯冷弯弯管机和有芯弯管机，按驱动方式，分为有电动机驱动的电动弯管机和上述液压泵驱动的液压弯管机等。

四、管子连接常用机具

分段的管子要经过连接才能形成系统，完成介质的输送任务，钢管的主要连接方法有螺纹连接、法兰连接、焊接等，此外，还有适用于铸铁管或塑料管的承插连接、热熔连接、黏结、挤压头连接等。

（一）钢管螺纹连接

钢管螺纹连接是将管段端部加工的外螺纹与管子配件或设备接口上的内螺纹拧在一起。一般管径在 100mm 以下，尤其是管径为 15~40mm 的小管子大都采用螺纹连接。

（二）螺纹连接常用工具及填料

1. 管钳

管钳是螺纹接口拧紧常用的工具。管钳有张开式和链条式。张开式管钳应用较广泛。

管钳的规格是以钳头张口中心到手柄尾端的长度来标称的，此长度代表转动力臂的大小。安装不同管径的管子应选用对应号数的管钳。若用大号管钳拧紧小管径的管子，虽因手柄长省力，容易拧紧，但也容易因用力过大拧得过紧而胀破管件；大直径的管子用小号管钳子，费力且不容易拧紧，而且易损坏管钳。不允许用管子套在管钳手柄上加大力臂，以免把钳颈拉断或钳颚被破坏。

链条式管钳又称链钳，是借助链条把管子箍紧而回转管子。它主要应用于大管径，或因场地限制，张开式钳管手柄旋转不开的场合。例如，在地沟中操作、空中作业及管子离墙面较近的场合。

2. **填充材料。**

为了增加管子螺纹接口的严密性和维修时不致因螺纹锈蚀不易拆卸，螺纹处一般要加填充材料。填料既要能充填空隙又要能防腐蚀。热水采暖系统或冷水管道常用的螺纹连接填料有聚四氟乙烯胶带或麻丝沾白铅油（铅丹粉拌干性油）。介质温度超过 115℃ 的管路接口可沾黑铅油（石墨粉拌干性油）和石棉油。氧气管路用黄丹粉拌甘油（甘油有防火性能）；氨管路用氧化铝粉拌甘油。应注意的是，若管子螺纹套得过松，只能切去丝头重新套丝，而不能采取多加填充材料来防止渗漏，以保证接口长久严密。

第六节　常用通风空调工程加工方法和机具

金属风管及配件的加工工艺基本上可分为画线、剪切、折方和卷圆、连接（咬口、铆接、焊接）、法兰制作等工序。

一、画线

按风管规格尺寸及图纸要求把风管的外表面展开成平面，即在平板上依据实际尺寸画出展开图，这个过程称为展开画线，俗称放样。画线的正确与否直接关系到风管尺寸大小和制作质量，所以画线时要角直、线平、等分准确；剪切线、倒角线、折方线、翻边线、留孔线、咬口线要画齐、画全；要合理安排用料，节约板材，经常校验尺寸，确保下料尺寸准确。

①不锈钢钢板尺。长度 1m，分度值 1mm，用来度量直线和画线用。

②钢板直尺。长度 2m，分度值 1mm，用以画直线。

③直角尺。用来画垂直线或平行线，并用于找正直角。

④划规、地规。用来画圆、画圆弧或截取线段长度。

⑤量角器。用来测量和划分角度。

⑥划针。用工具钢制成，端部磨尖，用以画线。

⑦样冲。用以冲点做记号。

二、剪切

板材的剪切就是将板材按画线形状进行裁剪的过程。剪切可根据施工条件用手工剪切或机械剪切。

（一）手工剪切

手工剪切最常用的工具为手剪。手剪分为直线剪和弯剪。直线剪适用于剪切直线和曲线外圆；弯剪适用于剪切曲线的内圆。手剪的剪切板材厚度一般不超过 1.2mm。

（二）机械剪切

机械剪切常用的工具有龙门剪板机、双轮直线剪板机、振动式曲线剪板机、联合冲剪机等。龙门剪板机适用于剪切板材的直线割口。选择龙门剪板机时，应选用能够剪切长度为 2 000mm、厚度为 4mm 的板材。双轮直线剪板机适用于剪切厚度不大于 2mm 的直线和曲率不大的曲线板材。振动式曲线剪板机适用厚度不大于 2mm 板材的曲线剪切，剪切时，可不必预先錾出小孔，就能直接在板材中间剪出内孔。曲线剪板机也能剪切直线，但效率较低。联合冲剪机既能冲孔又能剪切。它可切断角钢、槽钢、圆钢及钢板等，也可冲孔、开三角凹槽等，适用的范围比较广泛。

板材剪切必须按画线形状进行裁剪；留足接口的余量（如咬口、翻边余量）；做到切口整齐、直线平直、曲线圆滑；倒角准确。

三、折方和卷圆

折方用于矩形风管的直角成形。手工折方时，先将厚度小于 1.0mm 的钢板放在工作台上，使画好的折方线与槽钢边对齐，将板材打成直角，然后用硬木方尺进行修整，打出棱角，使表面平整。

卷圆用于制作圆形风管时的板材卷圆。手工卷圆一般只能卷厚度在 1.0mm 以内的钢板。机械卷圆则使用卷圆机进行。卷圆机适用于厚度在 2.0mm 以内、板宽在 2 000mm 以内的板材卷圆。

四、连接

金属板材的连接方式有咬口连接、铆钉连接和焊接三种。

（一）咬口连接

咬口连接是将要相互接合的2个板边折成能相互咬合的各种钩形，钩接后压紧折边。这种连接适用于厚度 $\delta \leqslant 1.2$mm 的普通薄钢板和镀锌薄钢板、厚度 $\delta \leqslant 1.0$mm 的不锈钢板及厚度 $\delta \leqslant 1.5$mm 的铝板。

咬口的加工主要是折边（打咬口）和咬口压实。折边应宽度一致、平直均匀，以保证咬口缝的严密及牢固；咬口压实时不能出现含半咬口和张裂等现象。

加工咬口可用手工或机械来完成。

1. 手工咬口

木方尺（拍板）用硬木制成，用来拍打咬口。硬质木钟用来打紧打实咬口。钢制方钟用来制作圆风管的单立咬口和咬口修正矩形风管的角咬口。工作台上固定有槽钢、角钢或方钢，用来做拍制咬口的垫铁；做圆风管时，用钢管固定在工作台上做垫铁。

手工咬口，工具简单，但工效低、噪声大、质量也不稳定。

2. 机械咬口

常用的咬口机械有手动或电动扳边机、矩形风管直管和弯头咬口机、圆形弯头咬口机、圆形弯头合缝机、咬口压实机等。国内生产的各种咬口机，系列比较齐全，能满足施工需要。

咬口机一般适用于厚度为1.2mm以内的折边咬口。如直边多轮咬口机，它是由电动机经皮带轮和齿轮减速，带动固定在机身上的槽形不同的滚轮转动，使板边的变形由浅到深，循序渐变，被加工成所需咬口形式。

机械咬口操作简便，成形平整光滑，生产效率高，无噪声，劳动强度小。

（二）铆钉连接

铆钉连接简称铆接，它是将两块要连接的板材板边相重叠，并用铆钉穿连铆合在一起的方法。

在通风空调工程中，一般由于板材较厚而无法进行咬接或板材虽不厚但材质较脆不能咬接时才采用铆接。随着焊接技术的发展，板材间的铆接已逐渐被焊接取代。但在设计要求采用铆接或镀锌钢板厚度超过咬口机械的加工性能时仍需使用铆接。

板材铆接时，要求铆钉直径 d 为板材厚度 δ 的两倍，但不得小于3mm，即 $d=2\delta$ 且 $d \geqslant 3$mm；铆钉长度 $L=2d+(1.5\sim2.0)d$mm；铆钉之间的中心距 A 一般为40~100mm；铆钉孔中心到板边的距离 B 应保证（3~4）$d$mm。

在通风空调工程中，铆接除了个别地方用于板与板之间连接外，还大量用于风管与法兰的连接。

铆接可采用手工铆接和机械铆接。

1. 手工铆接

手工铆接主要工序有画线定位、钻孔穿铆钉、垫铁打尾、罩模打尾成半圆形铆钉帽。这种方法工序较多、工效低，且捶打噪声大。

2. 机械铆接

在通风空调工程中，常用的铆接机械有手提电动液压铆接机、电动拉铆枪及手动拉铆枪等。机械铆接穿孔、铆接一次完成，工效高、省力、操作简便、噪声小。

（三）焊接

因通风空调风管密封要求较高或板材较厚不能用咬口连接时，板材的连接常采用焊接。

常用的焊接方法有电焊、气焊、锡焊及氩弧焊。

1. 电焊

电焊适用于厚度大于 1.2mm 钢板间连接和厚度大于 1mm 不锈钢板间连接。板材对接焊时，应留有 0.5~1mm 对接缝；搭接焊时，应有 10mm 左右搭接量。不锈钢焊接时，焊条的材质应与母材相同，并应防止焊渣飞溅玷污表面，焊后应进行清渣。

2. 气焊

气焊适用于厚度为 0.8~3mm 薄钢板间连接和厚度大于 1.5mm 铝板间连接。气焊不得用于不锈钢板的连接，因为气焊过程中在金属内发生增碳和氧化作用，使焊缝处的耐腐蚀性能降低。气焊不适宜厚度小于 0.8mm 钢板焊接，以防板材变形过大。对于厚度为 0.8~3mm 钢板气焊，应先分点焊，然后再沿焊缝全长连续焊接。铝板焊接时，焊条材质应与母材相同，且应清除焊口处和焊丝上的氧化皮及污物，焊后应用热水去除焊缝表面的焊渣、焊药等。

3. 锡焊

锡焊一般仅适用于厚度小于 1.2mm 薄钢板连接。因焊接强度低、耐温低，一般用锡焊做镀锌钢板咬口连接的密封用。

4. 氩弧焊

氩弧焊常用于厚度大于 1mm 不锈钢板间连接和厚度大于 1.5mm 铝板间连接。氩弧焊因加热集中、热影响区域小，且有氩气保护焊缝金属，故焊缝有很高的强度和耐腐蚀性能。

第七节 常用水暖工程器具及设备

一、给水系统增压设备

给水系统增压设备有水泵、高位水箱、气压装置及变频调速供水设备等。

（一）水泵

水泵是提升水量的机械设备，种类多，在给排水工程中使用最广的是离心水泵。水泵常设在建筑的底层或地下室内，这样可以减小建筑载荷、振动和噪声，也便于水泵吸水。水泵的吸水方式有两种：一种是直接由配水管上吸水，适用于配水管供水量较大，水泵吸水时不影响管网的工作场所；另一种是由配水管上直接抽水，这种方法简便、经济、安全可靠。如不允许直接抽水时，可建造贮水池，池中贮备所需的水量，水泵从池中抽水加压后，送入供水管网，供建筑各部分用水。贮水池中存储生活用水和消防用水，供水可靠，对配水管网无影响，是一般常用的供水方法。

（二）水箱

水箱水面通向大气，且高度不超过 2.5m，箱壁承受压力不大，材料可用金属（如钢板）焊制，但需做防腐处理。有条件时可用不锈钢、铜及铝板焊制；非金属材料用塑料、玻璃钢及钢筋混凝土等，较耐腐蚀。水箱有圆形、方形和矩形，也可根据需要选用其他形状。圆形水箱结构合理、造价低，但占地较大，不方便；方矩、矩形较好，但结构复杂、耗材料多、造价较高。目前常用玻璃钢制球形水箱。水箱应装设下列管道和设备。

1. 进水管

由水箱侧壁或顶部等处接入。当利用配水管网压力进水时，进水管出口装设浮球阀或液压控制阀 2 个，阀前应装有检修阀门；若水箱由水泵供水时，应利用水位升降控制水泵运行。

2. 出水管

由箱侧或底部接出，位置应高出箱底 50mm，保证出水水质良好。若生活与消防合用水箱时，必须确保消防贮备水量不做他用的技术措施。

3. 溢流管

防止箱水满溢用，可由箱侧或箱底接出，管径宜较进水管大 1~2 号，但在水箱底下

1m 后，可缩减至与进水管径相同。溢水管上不得装设阀门，下端不准直接接入下水管，必须间接排放，排放设备的出口应有滤网、水封等设备，以防昆虫、灰尘进入水箱。

4. 泄水管

泄空或洗刷水箱排污用，由底部最低处接出，管上装有闸阀，可与溢流管相连，管径一般不小于 50mm。

5. 通气管

水箱接连大气的管道，通气管接在水箱盖上，管口下弯并设有滤网，管径不小于 50mm

6. 其他设备

如指示箱内水位的水位计、有维修的检修孔及信号管等。

（三）气压给水装置

气压装置是一种局部升压和调节水量的给水设备，该设备是用水泵将水压入密闭的罐体内，压缩罐内空气，用水时，罐内空气再将存水压入管网，供各用水点用水。其功能与水塔或高位水箱基本相似，罐的送水压力是压缩空气而不是位置高度，因此只要变更罐内空气压力即可。气压装置可设置在任何位置，如室内外、地下、地上或楼层中，应用较灵活、方便，具有建设快、投资省、供水水质好、消除水锤作用等优点。但罐容量小，调节水量小，罐内水压变化大，水泵启闭频繁，故耗电能多。

气压装置的类型很多，有立式、卧式、水气接触式及隔离式；按压力是否稳定，可分为变压式和定压式，变压式是最基本形式。

1. 变压式

罐内充满着压缩空气和水，水被压缩空气送往给水管中，随着不断用水，罐内水量减小，空气膨胀，压力降低，当降到最小设计压力时，压力继电器起动水泵，向给水管及水箱供水，再次压缩箱内空气，压力上升；当压力升到最大工作压力时，水泵停泵。

运行一段时间后，罐内空气量减少，需用补气设备进行补充，以利运行。补气可用空压机或自动补气装置。变压式为最常用的给水装置，广泛应用于用水压力无严格要求的建筑物中。

由于上述气压装置是水气合于一箱，空气容易被水带出，存气逐渐减少，因而需要时常补气，为此可以采用水气隔离设备，如装设弹性隔膜、气囊等，气量保持不变，可免除补气的麻烦，这种装置称隔膜式或囊式气压装置。

2. 定压式

在用水压力要求稳定的给水系统中，可采用定压的装置，可在变压式装置的供水管设置安全阀，使压力调到用水要求压力或在双罐气压装置的空气连通管上设调压阀，保持要求的压力，使管网处于定压下运行。

（四）变频调速给水系统

水泵的动力机多用交流异步电动机，其转速为定值，如 2 900r/min、1 450r/min、980r/min等。水泵在定速下有一定的水量高效区，但用水量是变化的，水泵难以长期在高效区内运行，尤其是用水量低时，常用关小出水阀门来减小水量，浪费很多电能；也有的用多台水泵，根据用水量的大小，开动水泵的台数来调整用水量的变化；或设置屋顶水箱进行水量和压力调节，保证正常供水。这些措施设备较复杂，占地位大，运行管理技术要求高，应采用自动化控制运行。

由水泵的性能可知，改变电机的转速，可以改变水泵出水流量和压力的特性关系。电机转速的改变，通过改变电源频率较为方便，这种调节频率的设备称为变频器。利用变频器及时调整水泵运行速度来满足用水量的变化，并达到节能的目的，该设备称为变频调速供水设备。

变频调速供水设备的原理：水泵起动后向管网供水，由于用水量的增加，管网压力降低，由传感器将压力或流量的变化改为电信号输给控制器，经比较、计算和处理后，指令变频器增大电源频率，并输入电机，提高水泵的转速，使供水量增大，如此直到最大供水量；高峰用水后，水量减小，也通过降低电源频率，降低供水量，以适应用水量变化的需要，从而达到节电的目的。但变频也是有限度的，变化太大也会使水泵低效运行，为此可设置小型水泵或小型气压罐，这样备用水量小或夜间使用，可节约更多的电能。

二、排水系统卫生器具

排水系统卫生器具按其功能分为下列几类。

①排泄污水、污物的卫生器具有大便器、小便器、倒便器、漱口盆等。

②盥洗、沐浴用卫生器具有洗脸盆、净身器、洗脚盆（槽）、盥洗槽、浴盆、淋浴器等。

③洗涤用卫生器具有洗涤盆、污水盆等。

④其他专用卫生器具有化验盆、水疗设备、伤残人员专用卫生器具等。

（一）排泄污水、污物的卫生器具

1. 大便器

我国常用的大便器有坐式、蹲式和大便槽 3 种。

（1）坐式大便器

有冲洗式和虹吸式两种，其构造本身包括存水弯。

（2）蹲式大便器

蹲式大便器常安装在公共厕所或卫生间内。大便器需装设在台阶中，其下面和存水弯连接。

（3）大便槽

大便槽是个狭长开口的槽，多用水磨石或瓷砖建造。使用大便槽卫生条件较差，但设备简单、造价低。我国目前常用于一般公共建筑（学校、工厂、车站等）或城镇公共厕所。大便槽的宽度一般为200~250mm，底宽150mm，起端深度350~400mm，槽底坡度不小于0.015，槽的末端应设有不小于150mm的存水弯接入排水管。

2. 小便器

小便器有挂式、立式和小便槽3种。

挂式小便器悬挂在墙上。它可以采用自动冲洗水箱，也可采用冲洗阀，每只小便器均设存水弯。

立式小便器装置在标准较高的公共建筑内，如展览馆、大剧院、宾馆等男厕所内，多为2个以上成组安装。其冲洗设备常用自动冲洗水箱。

小便槽建造简单、造价低，能同时容纳较多的人员使用，故广泛应用于公共建筑、工厂、学校和集体宿舍的男厕所中。小便槽宽300~400mm，起端槽深不小于100mm，槽底坡度不小于0.01。小便槽可用普通阀门控制多孔管冲洗或用自动冲洗水箱定时冲洗。

（二）盥洗、沐浴用卫生器具

1. 洗脸盆

洗脸盆常装在卫生间、盥洗室和浴室中。洗脸盆有长方形、椭圆形和三角形等形式。安装时可采用墙架式、柱脚式或台式，排水管上应装存水弯。

2. 盥洗槽

盥洗槽一般有长条形（单面或双面）和圆形，常用钢筋混凝土或水磨石建造，槽宽500~600mm，槽沿离地面800mm，水龙头布置在离槽沿200mm高处。

3. 浴盆

浴盆设在住宅、宾馆、医院等卫生间及公共浴室内，有长方形和方形两种。其可用搪瓷、生铁、玻璃钢等材料制成。

4. 淋浴器

淋浴器与浴盆比较，具有占地面积小、造价低和卫生等优点，故广泛应用在集体宿舍、体育馆场、公共浴室中。

5. **净身器**

专供妇女洗濯下身之用，一般设在妇产科医院、工厂女卫生间及设备完善的住宅和宾馆卫生间内。

（三）洗涤用卫生器具

1. **洗涤盆**

洗涤盆设在住宅厨房及公共食堂厨房内，一般由钢筋混凝土、水磨石制成。

2. **污水盆**

污水盆设在公共厕所和盥洗室中，供打扫厕所、洗涤拖布、倾倒污水之用。常用水磨石制造。

（四）专用卫生器具

1. **饮水器**

在火车站、剧院、体育馆等公共场所常装设饮水器。

2. **地漏**

地漏用来排除地面积水，一般卫生间、厨房、浴室、洗衣房、男厕所等地应设置地漏。

三、热水系统加热设备

（一）直接加热

直接加热是利用燃料直接烧锅炉将水加热或利用清洁的热媒（如蒸汽与被加热水混合）加热水，具有加热方法直接简便、热效率高的特点。但要设置热水锅炉或其他水加热器，占有一定的建筑面积，有条件时宜用自动控制水的加热设备。

（二）间接加热

间接加热是被加热水不与热媒直接接触，而是通过加热器中的传热面的传热作用来加热水。如用蒸汽或热网水等来加热水，热媒放热后，温度降低，仍可回流到原锅炉房复用，因此热媒不需要大量补充水，既可节省用水，又可保护锅炉不生水垢，提高热效能。间接加热法使用的热源，一般为蒸汽或过热水，如当地有废热或地热水时，应先考虑作为热源的可能性。

（三）常用加热器

1. 热水锅炉

热水锅炉有多种形式，有卧式、立式等，燃料有烧煤、油及燃气等，如有需要，可查有关锅炉设备手册。近年来生产的一种新型燃油或燃气的热水锅炉，采用三回程的火道，可充分利用热能，热效率很高，结构紧凑，占地小，炉内压力低，运行安全可靠，供应热水量较大，环境污染小，是一种较好的直接加热的热水锅炉。

2. 汽水混合加热器

将清洁的蒸汽通过喷射器喷入贮水箱的冷水中，使水汽充分混合而加热水，蒸汽在水中凝结成热水，热效率高，设备简单、紧凑，造价较低，但喷射器有噪声，须设法隔除。

3. 家用型热水器

在无集中热水供应系统的居住建筑中，可以设置家用热水器来供应洗沐热水。现市售的有燃气热水器及电力热水器等，燃气热水器已广泛应用，唯在通气不足的情况，容易发生使用者中毒或窒息的危险，因此禁止将其装设在浴室、卫生间等处，必须设置在通风良好的处所。

4. 太阳能热水器

太阳能是个巨大、清洁、安全、普遍、可再生的能源。利用太阳能加热水是一种简单、经济的方法，常用的有管板式、真空管式等加热器，其中以真空管式效果最佳。真空管是两层玻璃抽成真空，管内涂选择性吸热层，有集热效高、热损失小、不受太阳位置影响、集热时间长等优点。但太阳能是一种低密度、间歇性能源，辐射能随昼夜、气象、季节和地区而变，因此在寒冷季节，尚须备有其他热水设备，以保证终年均有热水供应。我国广大地区太阳能资源丰富，尤以西北部、青藏高原、华北及内蒙古地区最为丰富，可作为太阳灶、热水器、热水暖房等热能利用。

5. 容积式热水加热器

容积式加热器内贮存一定量的热水量，用以供应和调节热水用量的变化，使供水均匀稳定，它具有加热器和热水箱的双重作用。器内装有一组加热盘管，热媒由封头上部通入盘管内，冷水由器下进入，经热交换后，被加热水由器上部流出，热媒散热后凝水由封头下部流回锅炉房。容积式加热器供水安全可靠，但有热效率低、体积大、占地面积大的缺点。

近年来经过改进，在器内增设导流板，加装循环设备，提高了热交换效能，较传统的同型加热器的热效提高近两倍。热媒可用热网水或蒸汽，节能、节电、节水效果显著，已列入国家专利产品。

6. 半容积式加热器

半容积式加热器是近年来生产的一种新型加热器，其构造的主要特点是将一组快速加热设备安装于热水罐内，由于加热面积大，水流速度较容积式加热器的流速大，提高了传热效果，增大了热水产量，因而减小了容积。半容积式加热器体积缩小，节省占地面积，运行维护工作方便，安全可靠。经使用后，效果比原标准容积式加热器的效能大大提高，是一种较好的热水加热设备。

7. 快速热水器

加热器也称为快速式加热器，即热即用，没有贮存热水容积，体积小，加热面积较大，被加热水的流速较容积式加热器的流速大，提高了传热效率，因而加快热水产量。此种加热器适用于热水用水量大而均匀的建筑物。由于利用不同的热媒，可分为以热水为热媒的水-水快速加热器及以蒸汽为热媒的汽-水快速加热器。加热器由不同的筒壳组成，筒内装设一组加热小管，管内通入被加热水，管筒间通过热媒，两种流体逆向流动，水流速度较高，提高热交换效率，加速热水。可根据热水用量及使用情况，选用不同型号及组合节筒数，满足热水用量要求。热水网热水还可利用蒸汽为热媒的汽-水快速加热器，器内装设多根小径传热管，管两端镶入管板上，器的始末端装有小室，起端小室分上下部分，冷水由始端小室下部进入器内，通过小管时被加热，至末端再转入上部小管继续加热，被加热水由始端小室上部流出，供应使用。蒸汽由器上部进入，与器内小管中流行的冷水进行热交换，蒸汽散热成为凝结水，由器下部排出。其作用原理与水-水快速加热器基本相同，也适用于用水较均匀且有蒸汽供应的大型用水户，如用于公共建筑、饭店、工业企业等。

8. 半即热式热水加热器

此种加热器也属于有限量贮水的加热器，其贮水量很小，加热面大、热水效高、体积极小。它由有上下盖的加热水筒壳，热媒管及回水管多组加热盘管和极精密的温度控制器等组成。冷水由筒底部进入，被盘管加热后，从筒上部流入热水管网供应热水，热媒蒸汽放热后，凝结水由回水管流回锅炉房。热水温度以独特的精密温度控制器来调节，保证出水温度要求。盘管为薄壁铜管制成，且为悬臂浮动装置。由于器内冷热水温度变化，盘管随之伸缩，扰动水流，提高换热效率，还能使管外积垢脱落，沉积于器底，可在加热器排污时除去。此种半即热式加热器，热效率高，体形紧凑，占地面积很小，是一种较好的加热设备。适用于热水用量大而较均匀的建筑物，如宾馆、医院、饭店、工厂、船艇及大型的民用建筑等。

第五章　暖通空调附属设备

第一节　散热器与换热器

一、散热器

散热器是最常见的室内供暖系统末端散热装置，其功能是将供暖系统的热媒（蒸汽或热水）所携带的热量，通过散热器壁面传给房间。

（一）散热器种类

国内外生产的散热器种类繁多、样式新颖。按照其制造材质划分，主要有铸铁、钢制散热器两大类。按照其构造形式划分，主要分为柱形、翼形、管形和平板形等。

1. 铸铁散热器

铸铁散热器长期以来得到广泛应用。它具有结构简单、防腐性好、使用寿命长及热稳定性好的优点，但其金属耗量大、金属热强度低于钢制散热器。我国目前应用较多的铸铁散热器有以下几个。

（1）翼形散热器

翼型散热器分为圆翼形和长翼形两类。

①圆翼形散热器。它是一根内径为50mm或75mm的管子，外面带有许多圆形肋片的铸件。管子两端配置法兰，可将数根管子组成平行叠置的散热器组。管子长度分为750mm、1 000mm两种。最高工作压力：对热媒为热水-水温低于150℃，$P=0.6$MPa；对蒸汽为热媒，$P_b=0.4MPa$。因其单片散热量大、所占空间小，常用于工业厂房、车间及其附属建筑中。

②长翼形散热器。它的外表面具有许多竖向肋片，外壳内部为一扁盒状空间。长翼形散热器的标准长度L分为200mm、280mm两种，宽度$B=115$mm，同侧进出口中心距$H_1=500$mm，高度$H=595$mm。最高工作压力：对热水温度低于130℃，$P_b=0.4$MPa；对以蒸

汽为热媒，P_b =0.2MPa。

翼形散热器制造工艺简单、造价也较低，但翼形散热器的金属热强度和传热系数比较低，外形不美观，灰尘不易清扫，特别是它的单体散热量较大。设计选用时不易恰好组成所需的面积，因而，目前不少设计单位趋向不选用这种散热器。

（2）柱形散热器

柱形散热器是呈柱状的单片散热器。外表面光滑，每片各有几个中空的立柱相互连通。根据散热面积的需要，可把各个单片组装在一起形成一组散热器。

我国目前常用的柱形散热器主要有二柱、四柱两种类型散热器。根据国内标准，散热器每片长度 L 分为 60mm、80mm 两种；宽度 B 有 132mm、143mm、164mm3 种，散热器同侧进出口中心距 H_1 有 300mm、500mm、600mm、900mm4 种标准规格尺寸。常见的有二柱 M132，宽度为 132mm，两边为柱状（H_1=500mm，H =584mm，L =80mm），中间为波浪形的纵向肋片；四柱 813 宽度为 164mm，两边为柱状（H_1=642mm，H =813mm，L =57mm）。最高工作压力：对普通灰铸铁，热水温度低于 130℃时，P_b = 0.5MPa（当以稀土灰铸铁为材质时，P_b=0.8MPa）；当以蒸汽为热媒时，P_b = 0.2MPa。

柱形散热器有带脚和不带脚两种片型，便于落地或挂墙安装。

柱形散热器与翼形散热器相比，其金属热强度及传热系数高，外形美观，易清除积灰，容易组成所需的面积，因而得到较广泛的应用。

2. 钢制散热器

目前我国生产的钢制散热器主要有以下几种形式。

（1）闭式钢串片对流换热器

闭式钢串片对流换热器由钢管、钢片、联箱及管接头组成。钢管上的串片采用 0.5mm 的薄钢片，串片两端折边 90°形成封闭形。许多封闭垂直空气通道，增强了对流放热能力，同时也使串片不易被损坏。

（2）板形散热器

板形散热器由面板、背板、进出水口接头、放水阀固定套及上下支架组成。背板有带对流片和不带对流片两种板型。而面板、背板多用 1.2~1.5mm 厚的冷轧钢板冲压成型，在面板直接压出呈圆弧形或梯形的散热器水道。水平联箱压制在背板上，经复合滚焊形成整体。为增大散热面积，在背板后面焊上 0.5mm 的冷轧钢板对流片。

（3）钢制柱形散热器

其构造与铸铁柱形散热器相似，每片也有几个中空立柱。这种散热器是采用 1.25~1.5mm 厚的冷轧钢板冲压延伸形成片状半柱形。将两片片状半柱形经压力滚焊复合成单片，单片之间经气体弧焊连接成散热器。

(4) 扁管形散热器

它是采用52mm×11mm×1.5mm（宽×高×厚）的水通路扁管叠加焊接在一起，两端加上断面35mm×40mm的联箱制成。扁管形散热器外形尺寸是以52mm为基数，形成3种高度规格：416mm（8根）、520mm（10根）和624mm（12根）。长度由600mm开始，以200mm进位至2000mm共8种规格。

扁管散热器的板型有单板、双板、单板带对流片和双板带对流片4种结构形式。单、双板扁管散热器两面均为光板，板面温度较高，有较多的辐射热。带对流片的单、双板扁管散热器，每片散热量比同规格的不带对流片的大，热量主要是以对流的方式传递。

（二）散热器选择与布置

1. 散热器的选用

选用散热器类型时，应注意在热工、经济、卫生和美观等方面的基本要求。但要根据具体情况有所侧重。设计选择散热器时，应符合下列原则性的规定：

①散热器的工作压力。当以热水为热媒时，不得超过制造厂规定的压力值。对高层建筑使用热水供暖时，首先要求保证承压能力，这对系统的安全运行至关重要。当采用蒸汽为热媒时，在系统启动和停止运行时，散热器的温度变化剧烈，易使接口等处渗漏，因此，铸铁柱形和长翼形散热器的工作压力不应高于0.2MPa；铸铁圆翼形散热器，不应高于0.4MPa。

②在民用建筑中，宜采用外形美观，易于清扫的散热器。

③在放散粉尘或防尘要求较高的生产厂房，应采用易于清扫的散热器。

④在具有腐蚀性气体的生产厂房或相对湿度较大的房间，宜采用耐腐蚀的散热器。

⑤采用钢制散热器时，应采用闭式系统，并满足产品对水质的要求，在非供暖季节供暖系统应充水保养；蒸汽供暖系统不得采用钢制柱形、板形和扁管等散热器。

⑥采用铝制散热器时，应选用内防腐型铝制散热器，并满足产品对水质的要求。

⑦安装热量表和恒温阀的热水供暖系统不宜采用水流通道内含有黏砂的铸铁等散热器。

2. 散热器的布置

布置散热器时，应注意下列一些规定。

①散热器一般应安装在外墙的窗台下，这样，沿散热器上升的对流热气流能阻止和改善从玻璃窗下降的冷气流和玻璃冷辐射的影响，使流经室内的空气比较暖和、舒适。

②为了防止冻裂散热器，两道外门之间，不准设置散热器。在楼梯间或其他有冻结危险的场所，其散热器应由单独的立、支管供热，且不得装设调节阀。

③散热器一般应该明装、布置简单。内部装修要求较高的民用建筑可采用暗装。托儿所和幼儿园应暗装或加防护罩，以防烫伤儿童。

④在垂直单管或双管热水供暖系统中，同一房间的两组散热器可以串联连接；贮藏室、盥洗室、厕所和厨房等辅助用室及走廊的散热器，可同邻室串联连接。两串联散热器之间的串联管直径应与散热器接口直径相同，以便水流畅通。

⑤在楼梯间布置散热器时，考虑楼梯间热流上升的特点，应尽量布置在底层或按照一定比例分布在下部各层。

⑥铸铁散热器的组装片数，不宜超过下列数值：粗柱形（M132 型）20 片；细柱形（四柱）25 片；长翼形 7 片。

二、换热器

（一）换热器的种类

用来使热量从热流体传递到冷流体，以满足规定的工艺要求的装置统称换热器（或热交换设备）。换热器可以按照不同的方式分类。

按照工作原理不同，可将换热器分为三类。

①间壁式换热器——冷热流体被壁面分开，如暖风机、燃气加热器、冷凝器、蒸发器等。

②混合式换热器——冷热流体直接接触，彼此混合进行换热，在热交换时存在质交换，如空调工程中喷淋冷却塔、蒸汽喷射泵等。这种换热器在应用上常受到冷热两种流体不能混合的限制。

③回热式换热器冷、热两种流体依次交替地流过同一换热表面而实现热量交换的设备。在这种换热器中，固体壁面除了换热以外还起到蓄热的作用：高温流体流过时，固体壁面吸收并积蓄热量，然后释放给接着流过的低温流体。显然，这种换热器的热量传递过程是非稳态的。在空气分离装置、炼铁高炉及炼钢平炉中常用这类换热器来预冷或预热空气。

间壁式换热器的种类有很多，从构造上主要可分为管壳式、肋片管式、板式、板翅式、螺旋板式等，其中前两种用得最为广泛。

（二）管壳式换热器

管壳式热交换器结构坚固，易于制造，适应性强，处理能力大，高温、高压情况下也可应用，换热表面清洗比较方便。这一类型换热设备是工业上用得最多、历史最久的一种，是占主导地位的换热设备。其缺点是材料消耗大、不紧凑。

（三）肋片管式换热器

肋片管也称翅片管。在管子外壁加肋，肋化系数可达25左右，大大增加了空气侧的换热面积，强化了传热。与光管相比，传热系数可提高1~2倍。这类换热器结构较紧凑，适用于两侧流体表面传热系数相差较大的场合。肋片管式换热器结构上最值得注意的是肋的形状和结构及镶嵌在管子上的方式。肋的形状可做成片式、圆盘式、带槽或孔式、皱纹式、钉式和金属丝式等。肋与管的连接方式可采用张力缠绕式、嵌片式、热套胀接、焊接、整体轧制、铸造及机加工等。肋片管的主要缺陷是肋片侧的流动阻力较大。不同的结构与镶嵌方式对流动阻力，特别是传热性能影响很大。当肋根与管之间接触不紧密而存在缝隙时，将形成接触热阻，使传热系数降低。

（四）板式换热器

板式换热器是由若干传热板片及密封垫片叠置压紧组装而成，在两块板边缘之间由垫片隔开，形成流道。垫片的厚度就是两板的间隔距离，故流道很窄，通常只有3~4mm。板四角开有圆孔，供流体通过，当流体由一个角的圆孔流入后，经两板间流道，由对角线上的圆孔流出，该板的另外2个角上的圆孔与流道之间则用垫片隔断，这样可使冷热流体在相邻的2个流道中逆向流动，进行换热。为了强化流体在流道中的扰动，板面都做成波纹形，常见的有平直波纹、人字形波纹、锯齿形及斜纹形4种板型。

第二节　风机盘管与空气处理机组

一、风机盘管

风机盘管机组简称风机盘管。它是由小型风机、电动机和盘管（空气换热器）等组成的空调系统末端装置之一。盘管管内流过冷冻水或热水时与管外空气换热，使空气被冷却、除湿或加热，以此来调节室内的空气参数。它是常用的供冷、供热末端装置。

（一）风机盘管的构造、分类和特点

风机盘管机组按照结构形式不同，可分为立式、卧式、壁挂式和卡式等，其中，立式又分为立柱式和低矮式；按照安装方式不同，可分为明装和暗装；按照进水方位不同，分为左式和右式（按照面对机组出风口的方向，供回水管在左侧或右侧来定义左式或右式）。

壁挂式风机盘管机组全部为明装机组，其结构紧凑、外观好，直接挂于墙的上方。卡式（天花板嵌入式）机组，比较美观的进、出风口外露于顶棚下，风机、电动机和盘管置于顶棚之上，属于半明装机组。立柱式机组外形像立柜，高度在 1 800mm 左右。有的机组长宽比接近正方形；有的机组是长宽比约为 2∶1~3∶1 的长方形。除了壁挂式和卡式机组以外，其他各种机组都有明装和暗装两种机型。明装机组都有美观的外壳，自带进风口和出风口，在房间内明露安装。暗装机组的外壳一般用镀锌钢板制作，有的机组风机裸露，安装时将机组设置于顶棚上、窗台下或隔墙内。风机盘管机组根据机外静压分为两类：低静压型与高静压型。规定在标准空气状态和规定的试验工况下，单位时间内进入机组的空气体积流量（m^3/h 或 m^3/s）为额定风量。低静压型机组在额定风量时的出口静压为 0 或 12Pa，对带风口和过滤器的机组，出口静压为 0；对不带风口和过滤器的机组，出口静压为 12Pa；高静压机组在额定风量时的出口静压不小于 30Pa。除了上述常用的单盘管机组（代号省略）外，还有双盘管机组。单盘管机组内只有 1 个盘管，冷热兼用，单盘管机组的供热量一般为供冷量的 1.5 倍；双盘管机组内有 2 个盘管，分别供热和供冷。

用高挡转速下机组的额定风量（m^3/h）标注其基本规格，如 FP-68，即高挡转速下的额定风量为 $680m^3/h$ 的风机盘管。

基本规格的机组额定供冷量为 1.8~12.6kW，额定供热量为 2.7~17.9kW。实际生产的风机盘管中最大的制冷量约为 20kW，供热量约为 33.5kW。低静压型机组的输入功率约为 37~228W，高静压型机组的输入功率分为两档：出口静压 30Pa 的机组为 44~253W；出口静压 50Pa 的机组为 49~300W。同一规格的低静压型机组的噪声要低于高静压型机组。低静压型机组的噪声为 37~52dB（A）；高静压型机组的噪声为 40~54dB（A）（机外静压 30Pa）或 42~56dB（A）（机外静压 50Pa）。风机盘管的水侧阻力为 30~50kPa。

（二）风机盘管的选择与安装要求

风机盘管有 2 个主要参数——制冷（热）量和送风量，所以，风机盘管的选择有如下两种方法：

①根据房间循环风量选：房间面积、层高（吊顶后）和房间换气次数三者的乘积即为房间的循环风量。利用循环风量对应风机盘管高速风量，即可确定风机盘管的型号。

②根据房间所需的冷负荷选择：根据单位面积负荷和房间面积，可得到房间所需的冷负荷值。利用房间冷负荷对应风机盘管的高速风量时的制冷量即可确定风机盘管型号。

此外，风机盘管应根据房间的具体情况和装饰要求选择明装或暗装，确定安装位置、形式。立式机组一般放在外墙窗台下；卧式机组吊挂于房间的上部；壁挂式机组挂在墙的上方；立柱式机组可靠墙放置于地面上或隔墙内；卡式机组镶嵌于天花板上。

明装机组直接放在室内，无须进行装饰，但应选择外观颜色与房间色调相协调的机组；暗装机组应配上与建筑装饰相协调的送风口、回风口，并在回风口上配风口过滤器。还应在建筑装饰时留有可拆卸或可开启的维修口，便于拆装和检修机组的风机和电机清洗空气换热器。

卧式暗装机组多暗藏于顶棚上，其送风方式有两种：上部侧送和顶棚向下送风。如采用侧送方式，可选用低静压型的风机盘管，机组出口直接接双层百叶风口；如采用顶棚向下送风，应选用高静压型风机盘管，机组送风口可接一段风管，其上接若干个散流器向下送风。卧式暗装机组的回风有两种方式：在顶棚上设百叶或其他形式回风口和风口过滤器，用风管接到机组的回风箱上；不设风管，室内空气进入顶棚，再被置于顶棚上的机组所吸入。

选用风机盘管时应注意房间对噪声控制的要求。

风机盘管中风机的供电电路应为单独的回路，不能与照明回路相连，要连到集中配电箱，以便集中控制操作，在不需要系统工作时可集中关闭机组。

风机盘管的承压能力为 1.6MPa，所选风机盘管的承压能力应大于系统的最大工作压力。

风机盘管机组的全热冷量、显热供冷量和供热量用焓差法测定。在规定的试验工况和参数下测定机组的风量，进出口空气的干、湿球温度，进出口水的温度、压力和流量，并测定风机的输入功率。由此可确定在制冷工况下风机盘管的各项性能指标：风量、全热供冷量、显热供冷量、水流量，水侧的阻力、输入功率等。

根据风机盘管水侧的流量和进、出口温差，同样也能测得其供冷量或供热量（分别称为水侧供冷量或供热量）。所测得的风侧和水侧供冷（热）量，两侧平衡误差应在 5%以内。取风侧和水侧的供冷（热）量的算术平均值作为供冷量和供热量的实测值。

二、空气处理机组

在全空气系统中，送入各个区（或房间）的空气在机房内集中处理。对空气进行处理的设备称为空气处理机组，或称空调机组。

（一）空气处理机组的类型

市场上有各种功能和规格的空调机组产品供空调用户选用。不带制冷机的空调机组主要有两大类：组合式空调机组和整体式空调机组。

组合式空调机组由各种功能的模块（称功能段）组合而成，用户可以根据自己的需要选取不同的功能段进行组合。按照水平方向进行组合称卧式空调机组；也可以叠置成立式空调机组。一卧式空调机组主要由风机段、空气加热段、表冷段、空气过滤段、混合段（上部和侧部风口装有调节风门）等功能段所组成。组合式空调机组使用灵活方便，是目前应用比较广泛的一种空调机组。

整体式空调机组在工厂中组装成一体，有卧式和立式两种机型。这种机组结构紧凑、体形较小，适用于需要对空气处理的功能不多、机房面积较小的场合。组合式空调机组最小规格风量为 2 000m^3/h，最大规格风量可达 $20\times10^4 m^3/h$。

国内市场上的产品规格形式都不一致。组合式空调机组断面的宽×高的变化规律有两类。有些企业生产的空调机组，一定风量的机组的宽×高是一定的；另一些企业的空调机组，一定风量的机组可以有几种宽×高组合，所有的尺寸都与标准模数成比例，它的使用更为灵活。

（二）空气处理机组的功能

1. 空气过滤段

空气过滤段的功能是对空气的灰尘进行过滤。有粗效过滤和中效过滤两种。中效过滤段通常用无纺布的袋式过滤器。粗效过滤段有板式过滤器（多层金属网、合成纤维或玻璃纤维）和无纺布的袋式过滤器两种。袋式过滤器的过滤段长度比板式的长。为了便于定期对过滤器进行更换、清洗，有的空调机组可以把过滤器从侧部抽出，有的空调机组在过滤段的上游功能段（如混合段）设检修门。

2. 表冷器（冷却盘管）段

表冷器段用于空气冷却去湿处理。该段通常装有铜管套铝翅片的盘管。有 4 排、6 排、8 排管的冷却盘管可供用户选择。表冷器迎面风速一般不大于 2. 5m/s，太大的迎面风速会使冷却后的空气夹带水滴，而使空气湿度增加。当迎面风速>2. 5m/s 时，表冷段的出风侧设有挡水板，以防止气流中夹带水滴。为了便于对表冷器进行维护，有的空调机组可以把表冷器从侧部抽出，有的则在表冷器段的上游功能段设检修门。

3. 喷水室

喷水室是利用水与空气直接接触对空气进行处理的设备，主要用于对空气进行冷却、去湿或加湿处理。喷水室的优点是：只要改变水温即可改变对空气的处理过程，它可实现对空气进行冷却去湿、冷却加湿（降焓、等焓或增焓）、升温加湿等多种处理过程；水对空气还有净化作用。其缺点是：喷水室体形大，约为表冷器段的 3 倍；水系统复杂，且是开式的，易对金属腐蚀；水与空气直接接触，易受污染，需定期换水，耗水多。目前，民用建筑中很少用它，主要用于有大湿度或对湿度控制要求严格的场合，如纺织厂车间的空调、恒温恒湿空调等。国内只有部分厂家生产喷水室。

4. 空气加湿段

加湿的方法有多种，组合式空调机组中加湿段有多种形式可供选择。常用的加湿方法有以下几种。

①喷蒸汽加湿。在空气中直接喷蒸汽。这是一个近似等温加湿的过程。如果蒸汽直接经喷管的小孔喷出，由于蒸汽在管内流动过程中被冷却而产生凝结水，喷出蒸汽将夹带凝结水，从而出现细菌繁殖、产生气味等问题。空调机组目前都采用干蒸汽加湿器，可以避免夹带凝结水。干蒸汽加湿器加湿迅速、均匀、稳定、不带水滴，加湿量易于控制，适用于对湿度控制严格的场所，但也只能用于有蒸汽源的建筑物中。

②高压喷雾加湿。利用水泵将水加压到 0.3~0.35MPa（表压）下进行喷雾，可获得平均粒径为 20~30μm 的水滴，在空气中吸热汽化，这是一个接近等焓的加湿过程。高压喷雾的优点是加湿量大、噪声低、消耗功率小、运行费用低。缺点是有水滴析出，使用未经软化处理的水会出现“白粉”现象（钙、镁等杂质析出）。这是目前空调机组中应用较多的一种加湿方法。

③湿膜加湿。湿膜加湿又称淋水填料层加湿。利用湿材料表面向空气中蒸发水汽进行加湿。可以利用玻璃纤维、金属丝、波纹纸板等做成一定厚度的填料层，材料上淋水或喷水使之湿润，空气通过湿填料层而被加湿。这个加湿过程与高压喷雾一样，是一个接近等焓的加湿过程。这种加湿方法的优点是设备结构简单、体积小、填料层有过滤灰尘作用，填料还有挡水功能，空气中不会夹带水滴。缺点是湿表面容易滋生微生物，用普通水的填料层易产生水垢，另外，填料层容易被灰尘堵塞，需要定期维护。

④透湿膜加湿。透湿膜加湿是利用化工中的膜蒸馏原理的加湿技术。水与空气被疏水性的微孔湿膜（透湿膜，如聚四氯乙烯微孔膜）隔开，在两侧不同的水蒸气分压差的作用下，水蒸气通过透湿膜传递到空气中，加湿了空气；水、钙、镁和其他杂质等则不能通过，这样，就不会有“白粉”现象发生。透湿膜加湿器通常是由用透湿膜包裹的水片层及波纹纸板叠放在一起组成，空气在波纹纸板间通过。这种加湿设备结构简单、运行费用低、节能，可实现干净加湿（无“白粉”现象）。

⑤超声波加湿。超声波加湿的原理是将电能通过压电换能片转换成机械振动，向水中发射 1.7MHz 的超声波，使水表面直接雾化，雾粒直径约为 3~5μm，水雾在空气中吸热汽化，从而加湿了空气，这种方法也是接近等焓的加湿过程。这种方法要求使用软化水或去离子水，以防止换能片结垢而降低加湿能力。超声波加湿的优点是雾化效果好、运行稳定可靠、噪声低、反应灵敏而易于控制、雾化过程中还能产生有益人体健康的负离子，耗电不多，约为电热式加湿的 10%左右。其缺点是价格贵，对水质要求高。目前，国内空调机

组尚无现成的超声波加湿段，但可以把超声波加湿装置直接装于空调机组中。

5. 空气加热段

有热水盘管（热水/空气加热器）、蒸汽盘管（蒸汽/空气加热器）和电加热器 3 种类型。热水盘管与冷却盘管结构形式一样，但可供选择的只有 1 排、2 排、4 排管的盘管。蒸汽盘管换热组件有铜管套铝翅片或绕片管，有 1 排或 2 排管可供选择。

6. 风机段

组合式空调机组中的风机段在某一风量范围内有几种规格可供选择。通常是根据系统要求的总风量和总阻力来选择风机的型号、转速、功率及配用电机。空调设备厂的样本中一般都提供所配风机的特性。而定型的整体空调机组一般只提供机组的风量及机外余压。因此在设计时，管路系统（不含机组本身）的阻力不得超过所选机组的机外余压。

风机段用作回风机时，称回风机段。回风机段的箱体上开有与回风管的接口，而出风侧一般都连接分流段。回风通过分流段使部分回风排到室外，部分回风参加再循环，新风也从分流段引入。新、回、排风的比例通过风门进行控制。

7. 其他功能段

主要有以下四种：①混合段，该段的上部和侧部开有风管接口，以接回风和新风管，通过入口处的风门以调节新回风比例；②中间段（空段），该段开有检修门，用于对机组内部的保养、维修，但有些厂家生产的机组主要设备都可抽出（如表冷器、加热盘管和过滤器等），可以不设中间段；③二次回风段，该段开有回风入口的接管；④消声段，该段用于消除风机的噪声，但使用消声段后机组过长，机房内布置困难，而且消声器理应装在风管出机房的交界处，以防机房噪声从消声器后的风管壁传入管内而传播出去。因此，在实际工程中很少应用，通常都在风管上装消声器。

第三节 送、回风口与局部排风罩

一、送风口和回风口

（一）送风口

送风口以安装的位置分为侧送风口、顶送风口（向下送）、地面风口（向上送）；按照送出气流的流动状况分为扩散型风口、轴向型风口和孔板送风。扩散型风口具有较大的诱导室内空气的作用，送风温度衰减快，但射程较短；轴向型风口诱导室内气流的作用小，空气温度、速度的衰减慢，射程远；孔板送风口是在平板上满布小孔的送风口，速度分布均匀、衰减快。

双层百叶风口有两层可调节角度的活动百叶，短叶片用于调节送风气流的扩散角，也可用于改变气流的方向，而调节长叶片可以使送风气流贴附顶棚或下倾一定角度（当送热风时）；单层百叶风口只有一层可调节角度的活动百叶。双层百叶风口中外层叶片或单层百叶风口的叶片可以平行长边，也可以平行短边，由设计者选择。这两种风口也常用作回风口。

远程送风的喷口，属于轴向型风口，送风气流诱导室内风量小，可以送较远的距离，射程（末端速度 0.5m/s 处）一般可达到 10~30m，甚至更远。通常在大空间（如体育馆、候机大厅）中用作侧送风口；送热风时可用作顶送风口。如风口既送冷风又送热风，应选用可调角喷口。可调角喷口的喷嘴镶嵌在球形壳中，该球形壳（与喷嘴）在风口的外壳中可转动，最大转动角度为 30°，可用人工调节，也可通过电动或气动执行器调节。在送冷风时，风口水平或上倾；送热风时，风口下倾。

平送流型的方形散流器，有多层同心的平行导向叶片，使空气流出后贴附于顶棚流动。样本中送风射程指散流器中心到末端速度为 0.5m/s 的水平距离。这种类型散流器也可以做成矩形。方形或矩形散流器可以是四面出风、三面出风、两面出风和一面出风。平送流型的圆形散流器与方形散流器相类似。平送流型散流器适宜用于送冷风。下送流型的圆形散流器又称为流线型散流器。叶片间的竖向间距是可调的。增大叶片间的竖向间距，可以使气流边界与中心线的夹角减小。这类散流器送风气流夹角一般为 20°~30°。因此，在散流器下方形成向下的气流。圆盘型散流器，射流以 45°夹角喷出，线型介于平送与下送之间，适宜于送冷、热风。

顶送式风口。风口中有起旋器，空气通过风口后成为旋转气流，并贴附于顶棚流动。具有诱导室内空气能力大、温度和风速衰减快的特点。适宜在送风温差大、层高低的空间中应用。旋流式风口的起旋器位置可以上下调节，当起旋器下移时，可使气流变为吹出型。顶送式风口用于地板送风的旋流式风口，它的工作原理与顶送形式相同。

置换送风口。风口靠墙置于地上，风口的周边开有条缝，空气以很低的速度送出，诱导室内空气的能力很低，从而形成置换送风的流型。

（二）回风口

房间内的回风口在其周围造成一个汇流的流场，风速的衰减很快，它对房间的气流影响相对送风口来说比较小，因此，风口的形式也比较简单。上述的送风口中的活动百叶风口、固定叶片风口等都可以用作回风口，也可用送风风口铝网或钢网做成回风口。百叶风口可绕铰链转动，便于在风口内装卸过滤器。适宜用作顶棚回风的风口，以减少灰尘进入回风顶棚。还有一种固定百叶回风口，外形与可开式百叶风口相近，区别在不可开启，这种风口也是一种常用的回风口。

送风口、回风口的形式有很多，上面只介绍了几种比较典型、常用的风口，其他形式风口可参阅有关生产厂的样本或手册。

二、局部排风罩和空气幕

（一）局部排风罩类型

排风罩是局部排风系统中捕集污染物的设备。排风罩按照密闭程度分，有密闭式排风罩、半密闭式排风罩和开敞式排风罩。下面分别介绍这三类排风罩的工作原理和特点。

1. 密闭式排风罩

密闭式排风罩（或称密闭罩）是将生产过程中的污染源密闭在罩内，并进行排风，以保持罩内负压。当排风罩排风时，罩外的空气通过缝隙、操作孔口（一般只是手孔）渗入罩内，缝隙处的风速一般不应小于 1.5m/s。排风罩内的负压宜在 5～10Pa，排风罩排风量除了从缝隙孔口进入的空气量外，还应考虑因工艺需要而鼓入的风量，或污染源生成的气体量，或物料装桶时挤出的空气。选用风机的压头除考虑排风罩的阻力外，还应考虑由于工艺设备高速旋转导致罩内压力升高，或物料下落、飞溅（如皮带运输机的转运点、卸料点）带动空气运动而产生的压力升高，或由于罩内外有较大温差而产生的热压等。

密闭罩应当根据工艺设备具体情况设计其形状、大小。最好将污染物的局部散发点密闭，这样排风量小，比较经济。但有时无法做到局部点密闭，而必须将整个工艺设备，甚至把工艺流程的多个设备密闭在罩内或小室中，这类罩或小室开有检修门，便于维修；缺点是风量大、占地大。

密闭罩的主要优点是：①能最有效地捕集并排除局部污染源产生的污染物；②风量小，运行经济；③排风罩的性能不受周围气流的影响。缺点是对工艺设备的维修和操作不便。

2. 半密闭式排风罩

半密闭式排风罩指由于操作上的需要，经常无法将产生污染物的设备完全或部分地封闭，而必须开有较大的工作孔的排风罩。属于这类排风罩的有柜式排风罩（或称通风柜、排风柜）、喷漆室和砂轮罩等。

3 种形式的通风柜，其区别在于排风口的位置不同，适用于密度不同的污染物。污染物密度小时用上排风；密度大时用下排风；而密度不确定时，可选用上下同时排风，且上部排风口可调。通风柜的柜门上下可调节，在操作许可的条件下，柜门开启度越小越好，这样在同样的排风量下有较好的效果。

半密闭式排风罩，其控制污染物能力不如密闭式。如果设计得好，将不失为一种比较有效的排风罩。

3. **开敞式排风罩**

开敞式排风罩又称为外部排风罩。这种排风罩的特点是，污染源基本上是敞开的，而排风罩只在污染源附近进行吸气。为了使污染物被排风罩吸入，排风罩必须在污染源周围形成一速度场，其速度应能克服污染物的流动速度而引导至排风罩。

①开敞式吸气口的风速衰减很快，因此，开敞式排风罩应尽量靠近污染源处。

②吸气口处有围挡时，风速的衰减速度减缓。因此，开敞式排风罩在有可能的条件下尽量有围挡。

（二）局部排风罩设计原则

排风罩是局部排风系统的一个重要设备，直接关系到排风系统治理污染物的效果。工厂中的工艺过程、设备千差万别，不可能有一种万能的排风罩适合所有情况，因而，必须根据具体情况设计排风罩。排风罩设计应遵守以下原则。

①应尽量选用密闭式排风罩，其次可选用半密闭式排风罩。

②密闭式和半密闭式排风罩的缝隙、孔口、工作开口在工艺条件许可下应尽量减小。

③排风罩的设计应充分考虑工艺过程、设备的特点，方便操作与维修。

④开敞式排风罩有条件时靠墙或靠工作台面，或增加挡板或设活动遮挡，从而可以减小风量，提高控制污染物的效果。

⑤开敞式排风罩应尽量靠近污染源。

⑥应当注意排风罩附近横向气流（如送风）的影响。

（三）空气幕

空气幕是利用条状喷口送出一定速度、一定温度和一定厚度的幕状气流，用于隔断另一气流。它主要用于公共建筑、工厂中经常开启的外门，以阻挡室外空气侵入；或用于防止建筑火灾时烟气向无烟区侵入；或用于阻挡不干净的空气、昆虫等进入控制区域。在寒冷的北方地区，大门空气幕使用很普遍。在空调建筑中，大门空气幕可以减小冷量损失。空气幕也经常简称为风幕。

空气幕按照系统形式可分为吹吸式和单吹式两种。吹吸式空气幕封闭效果好，人员通过对它的影响也较小。但系统较复杂、费用较高，在大门空气幕中较少使用。单吹式空气幕按照送风口的位置又可分为上送式、下送式、单侧送风、双侧送风。上送式空气幕送出气流卫生条件好，安装方便，不占建筑面积，也不影响建筑美观。因此，在民用建筑中应用很普遍。下送式空气幕的送风喷口和空气分配管装在地面以下，挡冷风的效果好，但送风管和喷口易被灰尘和垃圾堵塞，送出空气的卫生条件差，维修困难，因此，目前基本上没有应用。侧送空气幕隔断效果好，但双侧的效果不如单侧，侧送空气幕占有一定的建筑面积，而且影响建筑美观，因此，很少在民用建筑中应用，主要用于工业厂房、车库等的大门上。

空气幕按照气流温度分，有热空气幕和非热空气幕。热空气幕分蒸汽（装有蒸汽加热盘管）、热水（装有热水加热盘管）和电热（装有电加热器）3 种类型。热空气幕适用于寒冷地区冬季使用。非热空气幕就地抽取空气，不做加热处理。这类空气幕可用于空调建筑的大门，或在餐厅、食品加工厂等门洞阻挡灰尘、蚊蝇等进入。

市场上空气幕产品所用的风机有 3 种类型：离心风机、轴流风机和贯流风机。其中，贯流风机主要应用于上送式非热空气幕。

寒冷地区应采用热空气幕，以避免在冬季使用时吹冷风，同时也给室内补充热量。但热空气幕送出的热风温度也不宜过高，一般不高于 50℃。

第四节 除尘器与水泵风机

一、除尘器与过滤器

（一）除尘器

1. 除尘机理

悬浮颗粒分离机理（又称除尘机理）主要有以下几个方面。

①重力：依靠重力使气流中的尘粒自然沉降，将尘粒从气流中分离出来。是一种简便的除尘方法。这个机理一般局限于分离 50μm 以上的粉尘。

②离心力：含尘空气做圆周运动时，由于离心力的作用，粉尘和空气会产生相对运动，使尘粒从气流中分离。这个机理主要用于 10μm 以上的尘粒。

③惯性碰撞：含尘气流在运动过程中遇到物体的阻挡（如挡板、纤维、水滴等）时，气流要改变方向进行绕流，细小的尘粒会沿气体流线一起流动。而质量较大或速度较大的尘粒，由于惯性，来不及跟随气流一起绕过物体，因而，脱离流线向物体靠近，并碰撞在物体上而沉积下来。

④接触阻留：当某一尺寸的尘粒沿着气流流线刚好运动到物体（如纤维或液滴）表面

附近时，因与物体发生接触而被阻留，这种现象称为接触阻留。

⑤扩散：由于气体分子热运动对尘粒的碰撞而产生尘粒的布朗运动，对于越小的尘粒越显著。微小粒子由于布朗运动，使其有更大的机会运动到物体表面而沉积下来，这个机理称为扩散。对于小于或等于 0.3μm 的尘粒，是一个很重要的机理。而大于 0.3μm 的尘粒其布朗运动减弱，一般不足以靠布朗运动使其离开流线碰撞到物体上面去。

⑥静电力：悬浮在气流中的尘粒，都带有一定的电荷，可以通过静电力使它从气流中分离。在自然状态下，尘粒的带电量很小，要得到较好的除尘效果必须设置专门的高压电场，使所有的尘粒都充分荷电。

⑦凝聚：凝聚作用不是一种直接的除尘机理。通过超声波、蒸汽凝结、加湿等凝聚作用，可以使微小粒子凝聚增大，然后用一般的除尘方法去除。

⑧筛滤作用：筛滤作用是指当尘粒的尺寸大于纤维网孔尺寸时而被阻留下来的现象。

3. 除尘器的选择

袋式除尘器是一种干式的高效除尘器，它利用多孔的袋状过滤元件的过滤作用进行除尘。由于它具有除尘效率高（对于 1.0μm 的粉尘，效率高达 98%~99%）、适应性强、使用灵活、结构简单、工作稳定、便于回收粉尘、维护简单等优点，因此，袋式除尘器在冶金、化学、陶瓷、水泥、食品等不同的工业部门中得到广泛的应用，在各种高效除尘器中，是最有竞争力的一种除尘设备。

重力除尘器虽然结构简单，投资省、耗钢少、阻力小（一般为 100~150Pa），但在实际除尘工程中，由于其效率低（对于干式沉降室效率为 56%~60%）和占地面积大，很少使用。

惯性除尘器是使含尘气流方向急剧变化或与挡板、百叶等障碍物碰撞时，利用尘粒自身惯性力从含尘气流中分离的装置。其性能主要取决于特征速度、折转半径与折转角度。其除尘效率低于沉降室，可用于收集大于 20μm 粒径的尘粒。压力损失则因结构形式不同差异很大，一般为 100~400Pa。进气管内气流速度取 10m/s 为宜。其结构形式有气流折转式、重力折转式、百叶板式与组合式几种。

旋风除尘器是利用气流旋转过程中作用在尘粒上的惯性离心力，使尘粒从气流中分离出来的设备。旋风除尘器结构简单、造价低、维修方便；耐高温，可高达 400℃；对于 10~20μm的粉尘，除尘效率为 90%左右。因此，旋风除尘器在工业通风除尘工程和工业锅炉的消烟除尘中得到了广泛的应用。

湿式除尘器是通过含尘气流与液滴或液膜的接触，在液体与粗大尘粒的相互碰撞、滞留，细小的尘粒的扩散、相互凝聚等净化机理的共同作用下，使尘粒从气流中分离出来。这种方法简单、有效，因而，在实际的工业除尘工程中获得了广泛的应用。

利用电力捕集气流中悬浮尘粒的设备称为电除尘器，它是净化含尘气体最有效的装置之一。电除尘器，主要有四个过程：①气体的电离；②悬浮尘粒的荷电；③荷电尘粒向电极运动；④荷电尘粒沉积在收尘电极上。采用电除尘器虽然一次性投资较其他类型的除尘器要高，但是由于它具有除尘效率高、阻力小、能处理高温烟气、处理烟气量的能力大和日常运行费用低等优点，因此，在火力发电、冶金、化学、造纸和水泥等工业部门的工业通风除尘工程和物料回收中获得广泛的应用。

（二）过滤器

空气过滤器是通过多孔过滤材料（如金属网、泡沫塑料、无纺布、纤维等）的作用从气固两相流中捕集粉尘，并使气体得以净化的设备。它把含尘量低（每立方米空气中含零点几至几毫克）的空气净化处理后送入室内，以保证洁净房间的工艺要求和一般空调房间内的空气洁净度。

根据过滤器效率，空气过滤器可分为五类。

1. 粗效过滤器

粗效过滤器的作用是除掉 5μm 以上的沉降性尘粒和各种异物，在净化空调系统中常作为预过滤器，以保护中效、高效过滤器。在空调系统中常作进风过滤器用。

粗效过滤器的滤料一般为无纺布、金属丝网、玻璃丝、粗孔聚氨酯泡沫塑料和尼龙网等。为了提高效率和防止金属腐蚀，金属网、玻璃丝等材料制成的过滤器通常浸油使用。由于粗效过滤器主要利用它的惯性效应，因此，滤料风速可以稍大，滤速一般可取 1~2m/s。

2. 中效过滤器

中效过滤器的主要作用是除掉 1~10μm 的悬浮性尘粒。在净化空调系统和局部净化设备中作为中间过滤器，以减少高效过滤器的负担，延长高效过滤器的寿命。

中效过滤器的滤料主要有玻璃纤维（纤维直径约为 10μm 左右）、中细孔聚乙烯泡沫塑料和由涤纶、丙纶、腈纶等原料制成的合成纤维毡（俗称无纺布）。有一次性使用和可清洗的两种。由于滤料厚度和速度的不同，它包括很大的效率范围，滤速一般在 0.2~1.0m/s。

3. 高中效过滤器

高中效过滤器能较好地去除 1μm 以上的粉尘粒子，可做净化空调系统的中间过滤器和有一般净化要求的送风系统的末端过滤器。高中效空气过滤器的常用滤料是无纺布。

4. 亚高效过滤器

亚高效过滤器能较好地去掉 0.5μm 以上粉尘粒子，可作为净化空调系统的中间过滤器和低级别净化空调系统（≥100 000 级，M6.5 级）的末端过滤器。

亚高效过滤器采用超细玻璃纤维滤纸或聚丙烯滤纸为滤材，经密折而成。密折的滤纸由纸隔板或铝箔隔板做成的小插件间隔，保持流畅通道，外框为镀锌板、不锈钢板或铝合金型材，用新型聚氨酯密封胶密封，可广泛用于电子、制药、医院、食品等行业的一般性过滤，也可用于耐高温场所。

5. **高效过滤器**

高效过滤器主要用于过滤掉 0.5μm 以下的亚微米级尘粒，高效过滤器是净化空调系统的终端过滤设备和净化设备的核心。

常用的高效过滤器有 GB 型（有隔板的折叠式）和 GWB 型（无隔板的折叠式）。GB 型高效过滤器，其滤料为超细玻璃纤维滤纸，孔隙非常小。采用很低的滤速（以 cm/s 计），这就增强了对小尘粒的筛滤作用和扩散作用，所以，具有很高的过滤效率，同时，低滤速也降低了高效过滤器的阻力，初阻力一般为 200~250Pa。

由于滤速低（1~1.5cm/s），所以须将滤纸多次折叠，使其过滤面积为迎风面积的 50~60 倍。折叠后的滤纸间通道用波纹分隔片隔开。

二、泵与风机

（一）水泵种类与选择

1. **水泵种类**

水泵按照工作原理大致分为以下三类。

①动力式泵。动力式泵可分为：离心泵、混流泵、轴流泵和旋涡泵。

动力式泵靠快速旋转的叶轮对液体的作用力，将机械能传递给液体，使其动能和压力能增加，然后再通过泵缸，将大部分动能转换为压力能而实现输送。动力式泵又称叶轮式泵或叶片式泵。离心泵是最常见的动力式泵。

离心泵又可分单级泵、多级泵。单级泵可分为单吸泵、双吸泵、自吸泵和非自吸泵等。多级泵可分为节段式和涡壳式。混流泵可分为涡壳式和导叶式。轴流泵可分为固定叶片和可调叶片。旋涡泵也可分为单吸泵、双吸泵、自吸泵和非自吸泵等。

②容积式泵。容积泵可分为往复泵和转子泵。

容积式泵是依靠工作元件在泵缸内做往复或回转运动，使工作容积交替地增大和缩小，以实现液体的吸入和排出。工作元件做往复运动的容积式泵称为往复泵，做回转运动的称为回转泵。前者的吸入和排出过程在同一泵缸内交替进行，并由吸入阀和排出阀加以控制；后者则通过齿轮、螺杆、叶形转子或滑片等工作元件的旋转作用，迫使液体从吸入侧转移到排出侧。

③喷射式泵。喷射式泵是靠工作流体产生的高速射流引射流体，然后通过动量交换而使被引射流体的能量增加。

2. **泵的选用原则**

①根据输送液体物理化学（温度、腐蚀性等）性质选取适用的种类泵。

②泵的流量和扬程能满足使用工况下的要求，并且应有10%~20%的富裕量。

③应使工作状态点经常处于较高效率值范围内。

④当流量较大时，宜考虑多台并联运行；但并联台数不宜过多，尽可能采用同型号泵并联。

⑤选泵时必须考虑系统静压对泵体的作用，注意工作压力应在泵壳体和填料的承压能力范围之内。

（二）风机种类与选择

1. **风机种类**

一般建筑工程中常用的通风机，按照其工作原理可分为离心式和轴流式两大类。相比之下，离心式风机的压头较高，可用于阻力较大的送排风系统；轴流式则风量大而压头较低，经常用于系统阻力小甚至无管路的送排风系统。

混流式又称作斜流式风机，是介于离心式和轴流式风机之间的近期应用较多的一种风机器。其压头比轴流风机高，而流量比同机号的离心风机大。输送的空气介质沿机壳轴向流动，具有结构紧凑、安装方便等特点。多用于锅炉引风机、建筑通风和防排烟系统中。

由于空调技术的发展，要求有一种小风量、低噪声、压头适当并便于与建筑相配合的小型风机贯流式（又称横流式）风机。其动压高，可以获得无紊流的扁平而高速的气流，因而，多用于空气幕（热风幕）、家用电扇，并可作为汽车通风、干燥器的通风装置。

2. **风机的选用原则**

①根据风机输送气体的物理、化学性质的不同，如有清洁气体、易燃、易爆、粉尘、腐蚀性等气体之分，选用不同用途的风机。

②风机的流量和压头能满足运行工况的使用要求，并应有10%~20%的富裕量。

③应使风机的工作状态点经常处于高效率区，并在流量-压头曲线最高点的右侧下降段上，以保证工作的稳定性和经济性。

④对有消声要求的通风系统，应首先选择效率高、转数低的风机，并应采取相应的消声减振措施。

⑤尽可能避免采用多台并联或串联的方式，当不可避免时，应选择同型号的风机联合工作。

第六章　供暖工程施工安装技术

第一节　室内供暖系统施工安装

室内供暖系统是指建筑物内部的供暖设施，它包括供热管路和附属器具、散热设备及试压调试等。供暖的目的是在冬季保持室内一定的温度，为人们提供正常的生活和工作环境。安装供暖系统时除了要实现设计者意图外，还要便于运行管理及维修，在保证施工质量的同时还要尽量节约原材料和人工消耗。施工前应熟悉图纸，做好图纸会审，编制人工、材料及施工机具进场计划；同时，施工现场及水源、电源等临时设施应满足施工要求。

一、供暖管道及附属器具的安装

供热管道及附属器具的安装，即按照施工图样、施工验收规范和质量检验评定标准的要求，将散热器安装就位与管道连接，组成满足生活和生产要求的采暖供热系统。同时，为了使室内供暖系统运行正常，调节、管理方便，还必须设置一些附属器具，从而使供热系统运行更为可靠。

（一）工艺流程

预制加工—支吊架安装—套管安装—干管安装—立管安装—支管安装—附属器具安装。

（二）安装工艺

1. 预制加工

根据施工方案及施工草图将管道、管件及支吊架等进行预制加工，加工好的成品应编号分类码放，以便使用。

2. 支吊架安装

采暖管道安装应按设计或规范规定设置支吊架，特别是活动支架、固定支架。安装吊架、托架时要根据设计图纸先放线，定位后再把预制的吊杆按坡向、顺序依次放在型钢上。要保证安装的支吊架准确和牢固。

3. **套管安装**

①管道穿过墙壁和楼板时应设置套管，穿外墙时要加防水套管。套管内壁应做防腐处理，套管管径比穿管大两号。穿墙套管两端与装饰面相平。安装在楼板内的套管，其顶部应高出装饰地面 20mm，安装在卫生间、厨房间内的套管，其顶部应高出装饰面 50mm，底部应与楼板地面相平。

②穿过楼板的套管与管道之间缝隙应用阻燃密实材料和防水油膏填实，且端面光滑。穿墙套管与管道之间应用阻燃密实材料填实。

③套管应埋设平直，管接口不得设在套管内，出地面高度应保持一致。

4. **干管安装**

①干管一般从进户或分路点开始安装，管径大于或等于 32mm 采用焊接或法兰连接，小于 32mm 采用丝接。

②安装前应对管道进行清理、除锈；焊口、丝接头等应清理干净。

③立干管分支宜用方形补偿器连接。

④集气罐不得装在门厅和吊顶内。集气罐的进出水口应开在偏下约罐高的 1/3 处，进水管不能小于管径 DN20。集气罐排气管应固定牢固，排气管应引至附近厨房、卫生间的水池或地漏处，管口距池地面不大于 50mm；排气管上的阀门安装高度不得低于 2.2m。

⑤管道最高点应装排气装置，最低点装泄水装置；应在自动排气阀前面装手动控制阀，以便自动排气阀失灵时检修更换。

⑥系统中设有伸缩器时，安装前应做预拉伸试验，并填记录表。安装型号、规格、位置应按设计要求。管道热伸量的计算式为：

$$\Delta L = \alpha L(T_2 - T_1) \tag{6-1}$$

式中：ΔL——管道热伸量（mm）；

a——管材的线膨胀系数［钢管为 0.012mm/（m·℃）］；

L——管道长度（两固定支架之间的实际长度）（m）；

T_2——热媒温度（℃）；

T_1——管道安装时的环境温度（℃）。

⑦穿过伸缩缝、沉降缝及抗震缝应根据情况采取以下措施：

A. 在墙体两侧采取柔性连接；

B. 在管道或保温层外皮上、下部留有不小于 150mm 的净空距；

C. 在穿墙处做成方形补偿器，水平安装。

⑧热水、蒸汽系统管道的不同做法如下：

A. 蒸汽系统水平安装的管道要有坡度，当坡度与蒸汽流动方向一致时，坡度为0.3%；当坡度与蒸汽流动方向相反时，坡度为0.5%~1%。干管的翻身处及末端应设置疏水器；

B. 蒸汽、热水干管的变径。蒸汽供汽管应为下平安装，蒸汽回水管的变径为同心安装，热水管应为上平安装；

C. 管径大于或等于DN65mm时，支管距变径管焊口的长度为300mm；小于DN65mm时，长度为200mm；

D. 变径两管径差较小时采用甩管制作，两管径差较大时，变径管长度应为(D-d)×(4~6)。变径管及支管做法见有关通用图集。

⑨管道安装完，检查坐标、标高、预留口位置和管道变径是否正确，然后调直、找坡，调整合格后再固定卡架，填堵管井洞。管道预留口加临时封堵。

5. 立管安装

①如后装套管时，应先把套管套在管上，然后把立管按顺序逐根安装，涂铅油缠麻将立管对准接口转动入口，咬住管件拧管，松紧要适度。对准预装调直时的标记，并认真检查甩口标高、方向、灯叉弯、元宝弯位置是否准确。

②将立管卡松开，把管道放入卡内，紧固螺栓，用线坠吊直找正后把立管卡固定好，每层立管安装完后，清理干净管道和接口并及时封堵甩口。

6. 支管安装

①首先检查散热器安装位置，进出口与立管甩口是否一致，坡度是否正确，然后准确量出支管（含灯叉弯、元宝弯）的尺寸，进行支管加工。

②支管安装必须满足坡度要求，支管长度超过1.5m并且有2个以上转弯时应加支架。立支管管径小于DN20mm时应使用煨制弯。变径应使用变径管箍或焊接大小头。

③支管安装完毕应及时检查校对支管坡度、距墙尺寸。初装修厨、卫间立支管要留出距装饰面的余量。

7. 附属器具安装

①方形补偿器。

A. 安装前应检查补偿器是否符合设计要求，补偿器的3个臂是否在水平面上，安装时用水平尺检查，调整支架，保证位置正确、坡度符合规定。

B. 补偿器预拉可用千斤顶将补偿器的两臂撑开或用拉管器进行冷拉。预拉伸的焊口应选在距补偿器弯曲起点2~2.5m处为宜，冷拉前将固定支座固定牢固，并对好预拉焊口的间距。

C. 采用拉管器冷拉时，其操作方法是将拉管器的法兰管卡紧紧卡在被拉焊口的两端，一端为补偿器管段，另一端是管道端口，而穿在2个法兰管卡之间的几个双头长螺栓，作为调整及拉紧用，将预拉间隙对好，并用短角钢在管口处贴焊，但只能焊在管道的一端，另一端用角钢卡住即可，然后拧紧螺栓使间隙靠拢，将焊口焊好后才可松开螺栓，再进行另一侧的拉伸，也可两侧同时冷拉作业。

D. 采用千斤顶顶撑时，将千斤顶横放在补偿器的两臂间，加好支撑及垫块，然后起动千斤顶，这时两臂即被撑开，使预拉焊口靠拢至要求的间隙，焊口找正，对平管口用电焊将此焊口焊好。只有当两侧预拉焊口焊完后，才能把千斤顶拆除，拉伸完成。

E. 补偿器宜用整根管弯制。如需要接口，其焊口位置应设在垂直臂的中间。方形补偿器预拉长度应按设计要求拉伸，无要求时为其伸长量的1/2。

②套筒补偿器。

A. 安装管道时应将补偿器的位置让出，在管道两端各焊一片法兰盘，焊接时，法兰要垂直于管道中心线，法兰与补偿器表面相互平行、衬垫平整、受力均匀。

B. 套筒补偿器应安装在固定支架近旁，并将外套管一端朝向管道的固定支架，内套管一端与产生热膨胀的管道相连。

C. 套筒补偿器的填料应采用涂有石墨粉的石棉盘根或浸过机油的石棉绳，压盖的松紧程度在试运行时进行调整，以不漏水、不漏气、内套管能伸缩自如为宜。

D. 为保证补偿器正常工作，安装时，必须保证管道和补偿器中心线一致，并在补偿器前设置1~2个导向滑动支架。

E. 套筒补偿器的拉伸长度应按设计要求，预拉时，先将补偿器的填料压盖松开，将内套管拉出预拉伸长度，然后再将压盖紧住。

③波形补偿器。

A. 波形补偿器的波节数量由设计确定，一般为1~4节，每个波节的补偿能力由设计确定。

B. 安装前应了解出厂前是否已做预拉伸，如已做预拉伸，厂商须提供拉伸资料及产品合格证。当未做预拉伸时应在现场补做，由技术人员根据设计要求确定，在平地上进行，作用力应分2~3次逐渐增加，尽量保证各波节圆周面受力均匀。拉伸或压缩量的偏差应小于5mm，当拉伸压缩达到要求数值时，应立即固定。

C. 安装前，管道两侧应先安装好固定卡架，安装管道时应将补偿器的位置让出，在管道两端各焊一法兰盘，焊接时，法兰盘应垂直于管道的中心线，法兰与补偿器表面相互平行，加垫后，衬垫受力应均匀。

D. 补偿器安装时，卡架不得固定在波节上，试压时不得超压，不允许径向受力，将其固定牢并与管道保持同心，不得偏斜。

E. 波形补偿器如需加大壁厚，内套筒的一端与波形补偿器的臂焊接。安装时，应注意使介质的流向从焊端流向自由端，并与管道的坡度方向一致。

④减压阀。

A. 减压阀安装时，减压阀前的管径应与阀体的直径一致，减压阀后的管径可比阀前管径大 1~2 号。

B. 减压阀的阀体必须垂直安装在水平管路上，阀体上的箭头必须与介质流向一致。减压阀两侧应采用法兰阀门。

C. 减压阀前应装有过滤器，对于带有均压管的薄膜式减压阀，其均压管接到低压管道的一侧。

D. 为便于减压阀的调整，阀前的高压管道和阀后的低压管道上都应安装压力表。阀后低压管道上应安装安全阀，安全阀排气管应接至室外安全地点，其截面不应小于安全阀出口的截面积。安全阀定压值按照设计要求。

⑤疏水器。

A. 疏水器应安装在便于检修的地方，并应尽量靠近用热设备凝结水排出口下，且安装在排水管的最低点。

B. 疏水器安装应按设计设置旁通管、冲洗管、检查管、止回阀和除污器。用汽设备应分别安装疏水器，几台设备不能合用一个疏水器。

C. 疏水器的进出口要保持水平，不可倾斜，阀体箭头应与排水方向一致，疏水器的排水管径不能小于进水口管径。

D. 疏水器旁通管做法见相关通用图集。

⑥除污器。除污器一般设在用户引入口和循环泵进水口处，方向不能装反。

⑦膨胀水箱。

A. 膨胀水箱有方形和圆形，应设在供暖系统最高点，如设在非采暖房间内，则需进行保温。

B. 膨胀水箱的膨胀管和循环管一般连接在循环水泵前的回水总管上，循环管、膨胀管不得装设阀门。

二、散热器安装

散热器是室内采暖系统的散热设备，热媒通过它向室内传递热量，散热器的种类很多，不同的散热器有不同的安装方法，现介绍较为常见的铸铁式散热器的安装。

（一）工艺流程

散热器组对—散热器试压—吊支架安装—散热器安装。

（二）安装工艺

1. 散热器组对

用钢丝刷对散热器进行除污，刷净口表面及对丝内外的铁锈。散热器 14 片以下用 2 个足片，15~24 片用 3 个足片，组对时摆好第一片，拧上对丝一扣，套上耐热橡胶垫，将第二片反扣对准对丝，找正后扶住炉片，将对丝钥匙插入对丝内径，同时缓慢均匀拧紧。

①根据散热器的片数和长度，选择圆钢直径和加工尺寸，切断后进行调直，两端收头套好丝扣，除锈后刷好防锈漆。

②20 片及上的散热器需加外拉条，从散热器上下两端外柱内穿入 4 根拉条，每根套上 1 个骑码，戴上螺母，找直、找正后用扳手均匀拧紧，丝扣外露不得超过 1 个螺母厚度为宜。

2. 散热器单组试压

①将散热器抬到试压台上，用管钳上好临时炉堵和补芯及放气门，连接试压泵。

②试压时打开进水阀门，向散热器内注水，同时打开放气门排净空气，待水满后关闭放气门。

③当设计无要求时，试验压力应为工作压力的 1.5 倍，不小于 0.6MPa，关闭进水阀门，持续 2~3min，观察每个接口，不渗不漏为合格。

④打开泄水阀门，拆掉临时堵头和补芯，泄净水后将散热器运到集中地点。

3. 支、托架安装

①柱形带腿散热器固定卡安装。15 片以下的双数片散热器的固定卡位置，是从地面到散热器总高的 3/4 处画水平线与散热器中心线交点画好印记，此后单数片向一侧错过半片厚度。16 片以上者应设 2 个固定卡，高度仍为 3/4 的水平线上。从散热器两端各进去 4~6 片的地方栽入。

②挂装柱形散热器。托钩高度按设计要求并从散热器的距地高度上返 45mm 画水平线。托钩水平位置采用画线尺来确定，画线尺横担上刻有散热器的刻度。画出托钩安装位置的中心线，挂装散热器的固定卡高度从托钩中心上返散热器总高的 3/4 画水平线，其位置与安装数量与带腿片相同。

③当散热器挂在混凝土墙面上时，用錾子或冲击钻在墙上按画出的位置打孔洞。固定

卡孔洞的深度不小于 80mm，托钩孔洞的深度不小于 120mm，现浇混凝土墙的深度为 100mm（如用膨胀螺栓应按胀栓的要求深度）。用水冲净洞内杂物，填入 M20 水泥砂浆到洞深的 1/2 时，将固定卡插入洞内塞紧，用画线尺放在托钩上，并用水平尺找平找正，填满砂浆并捣实抹平。当散热器挂在轻质隔板墙上时，用冲击钻穿透隔板墙，内置不小于 φ 12 的圆钢，两端固定预埋铁，支托架稳固于预埋铁，固定牢固。

4. 安装流程

①按照图纸要求，根据散热器安装位置及高度在墙上画出安装中心线。

②将柱形散热器（包括铸铁、钢制）和辐射对流换热器的炉堵和炉补芯抹油，加耐热橡胶垫后拧紧。

③把散热器轻轻抬起，带腿散热器立稳，找平找正，距墙尺寸准确后，将卡加上紧托牢。

④散热器与支管紧密牢固。

⑤放风门安装。在炉堵上钻孔攻丝，将炉堵抹好铅油，加好石棉橡胶垫，在散热器上用管钳上紧。在放风门丝扣上抹铅油、缠麻丝，拧在炉堵上，用扳手上到适度。放风孔应向外斜 45°，并在系统试压前安装完。

三、试压和调试

（一）工艺流程

系统试压—系统冲洗—系统通热调试—系统验收。

（二）工艺要求

1. 系统试压

①系统试压前应进行全面检查，核对已安装好的管道、管件、阀门、紧固件、支架等质量是否符合设计要求及有关技术规范的规定，同时，检查附件是否齐全、螺栓是否紧固、焊接质量是否合格。

②系统试压前应将不宜和管道一起试压的阀门、配件等从管道上拆除。管道上的甩口应临时封堵。不宜连同管道一起试压的设备或高压系统与中低压系统之间应加装盲板隔离，盲板处应有标记，以便试压后拆除。系统内的阀门应开启，系统的最高点应设置不小于管径 DN15 的排气阀，最低点应设置不小于 DN25 的泄水阀。

③试压前应装两块经校验合格的压力表，并应有铅封。压力表的满刻度为被测压力最大值的 1. 5~2 倍。压力表的精度等级不应低于 1. 5 级，并安装在便于观察的位置。

④采暖系统安装完毕，管道保温前应进行水压试验。试验压力应符合设计要求，当设计未注明时，应符合下列规定：

A. 蒸汽、热水采暖系统，应以系统顶点工作压力加 0.1MPa 做水压试验，同时在系统顶点的试验压力不小于 0.3MPa。

B. 高温热水采暖系统，试验压力应为系统顶点工作压力加 0.4MPa。

C. 使用塑料管及复合管的热水采暖系统，应以系统顶点工作压力加 0.2MPa 做水压试验，同时在系统顶点的试验压力不小于 0.4MPa。

⑤应先关闭系统最低点的泄水阀，打开各分路进水阀和系统最高点排气阀，接通水源，向系统内注水，边注水边排气，系统水满、空气排净后先关闭排气阀，然后接通电源，用电动试压泵或手动试压泵进行加压。系统加压应分阶段进行，第一次先加压到试验压力的 1/2，停泵对管道、设备、附件进行一次检查，没有异常情况再继续升压。一般分 2~3 次升到试验压力。当压力达到试验压力时保持规定时间和允许压力降，视为强度试验合格。然后把压力降至工作压力进行严密性试验。对管道进行全面检查，未发现渗漏等异常现象视为严密性试验合格

2. 系统冲洗

①系统冲洗在试压后进行。

②管道吹（冲）洗应根据管道输送的介质不同而定，选择正确合理的吹洗方法。

A. 首先检查系统内阀件的关启状况是否符合要求。

B. 热水采暖系统一般可用洁净的水进行冲洗，如果管道分支较多，可分段进行冲洗。冲洗时应以系统内可能达到的最大压力和流量进行，流速不应小于 1.5m/s，反复冲洗至排出水与进水水质基本相同为合格。

C. 蒸汽采暖系统采用蒸汽吹洗较好，也可采用压缩空气进行，吹洗时，除把疏水器卸掉以外，其他程序与热水系统冲洗相同。

3. 系统通热调试

系统吹（冲）洗工作完成后，接通热源即可通暖调试，如果热源及其他条件尚不具备时，可延期调试工作。调试内容及要求如下。

系统调试是对系统安装总体质量和供暖效果的最终检验，也是交工前必做的一项重要工作，其调试内容及要求有以下三项。

①系统压差调试，也称压力平衡调试。主要是调节、测定供回水的压力差，要求各环路的压力、流量、流速达到基本均衡一致。

②系统温差调试，也称温度平衡调试。主要调节、测定系统供回水的温差。要求供回水的温差不能大于 20℃，由于供暖面积、管路长短不同决定其温差的大小，故需进行很好

的调节，使温差达到最佳状态，一般为 15~20℃。

系统理想供水温度为 75~85℃，回水温度为 55~65℃。如果系统回水温度低于 55℃，房间温度就不能得到保证，要想得到良好的供暖效果，系统回水温度应保持在 55℃以上。

③房间温度调试，即各房间设计温度的调试。主要调节、测定各房间的实际温度，如居室设计温度 18±2℃，经调节后测定在此允许范围内，即可认为满足设计温度要求。房间温度调试完后应绘制房间测温平面图，整个系统调试完成后应填写系统调试记录。

采暖系统调试分为初调和试调 2 个阶段进行。

①初调。初调是为了保证各环路平衡运行的调节，通过调节各立支管的阀门，使各环路上的阻力、流量达到平衡，观察立支管及入口处的温差、压差是否正常。

②试调。系统的试运行调节根据室外气候条件的变化而改变，分别采用质调节、量调节和间歇调节。

4. 系统验收

系统试压、冲洗、调试完成后，应分别及时办理验收手续，为交工使用创造条件。

四、低温地板辐射供暖施工安装工艺

低温热水辐射供暖，是指加热的管子埋设在建筑物构件内的热水辐射供暖系统，一般有墙壁式、天棚式和地面式。国内应用最为广泛的是低温热水地面辐射供暖系统，也称为地热供暖。其系统供水温度不超过 60℃，供回水温差一般控制在 10℃，系统的最大压力为 0. 8MPa，一般控制在 0. 6MPa。低温热水地面辐射供暖的结构由楼板基础层、保温层、细石混凝土层、砂浆找平层和地面层等组成。

（一）工艺流程

安装准备—预制加工—卡件安装—干管安装—立管安装—支管安装—集分水器安装试压—地板采暖加热盘管铺设、试压—冲洗—防腐—保温—调试。

（二）安装工艺

1. 楼地面基层清理

凡采用地板辐射采暖的工程，在楼地面施工时，必须严格控制表面的平整度，仔细压抹，其平整度允许误差应符合混凝土或砂浆地面要求，在保温板铺设前应清除楼地面上的垃圾、浮灰、附着物，特别是油漆、涂料、油污等有机物必须清除干净。

2. 绝热板材铺设

①绝热板应清洁、无破损，在楼地面铺设平整、搭接严密。绝热板拼接紧凑间隙

10mm，错缝敷设，板接缝处全部用胶带黏结，胶带宽度 40mm。

②房间周围边墙、柱的交接处应设绝热板保温带，其高度要高于细石混凝土回填层。

③房间面积过大时，以 6 000mm×6 000mm 为方格留伸缩缝，缝宽 10mm。伸缩缝处用厚度 10mm 绝热板立放，高度与细石混凝土层平齐。

3. 绝热板材加固层的施工

①钢丝网规格为方格不大于 200mm，在采暖房间满布，拼接处应绑扎连接。

②钢丝网在伸缩缝处应不能断开，铺设应平整，无锐刺及翘起的边角。

4. 加热盘管敷设

①加热盘管在钢丝网上面敷设，管长应根据工程上各回路长度酌情定尺，一个回路尽可能用一盘整管，应最大限度地减少材料损耗，填充层内不许有接头。

②加热管应按照设计图纸标定的管间距和走向敷设，加热管应保持平直，管间距的安装误差不应大于 10mm。加热管敷设前，应对照施工图纸核定加热管的选型、管径、壁厚，并应检查加热管外观质量，管内部不得有杂质。加热管安装间断或完毕时，敞口处应随时封堵。

③安装时，将管的轴线位置用墨线弹在绝热板上，抄高程、设置管卡，按管的弯曲半径≥10D（D 指管外径）计算管的下料长度，其尺寸偏差控制在±5%以内。必须用专用剪刀切割，管口应垂直于断面处的管轴线。严禁用电、气焊、手工锯等工具分割加热管。

④加热管应设固定装置。可采用下列方法之一固定：

A. 用固定卡将加热管直接固定在绝热板或设有复合面层的绝热板上。

B. 用扎带将加热管固定在铺设于绝热层上的网格上。

C. 直接卡在铺设于绝热层表面的专用管架或管卡上。

D. 直接固定于绝热层表面凸起间形成的凹槽内。

加热管弯头两端宜设固定卡；加热管固定点的间距，直管段固定点间距宜为 0. 5～0. 7m，弯曲管段固定点间距宜为 0. 2～0. 3m。按测出的轴线及高程垫好管卡，用尼龙扎带将加热管绑扎在绝热板加强层钢丝网上，或者用固定管卡将加热管直接固定在敷有复合面层的绝热板上。同一通路的加热管应保持水平，确保管顶平整度为±5mm。

⑤加热管安装时应防止管道扭曲；弯曲管道时，圆弧的顶部应加以限制，并用管卡进行固定，不得出现“死折”；塑料及铝塑复合管的弯曲半径不宜小于 6 倍管外径，铜管的弯曲半径不宜小于 5 倍管外径；加热管固定点的间距，弯头处间距不大于 300mm，直线段间距不大于 600mm。

⑥在过门、伸缩缝与沉降缝时，应加装套管，套管长度≥150mm。套管比盘管大 2 号，内填保温边角余料。

⑦加热管出地面至分水器、集水器连接处，弯管部分不宜露出地面装饰层。加热管出地面至分水器、集水器下部球阀接口之间的明装管段外部应加装塑料套管。套管应高出装饰面 150~200mm。

⑧加热管与分水器、集水器连接，应采用卡套式、卡压式挤压夹紧连接；连接件材料宜为铜质；铜质连接件与 PP-R 或 PP-B 直接接触的表面必须镀镍。

⑨加热管的环路布置不宜穿越填充层内的伸缩缝。必须穿越时，伸缩缝处应设长度不小于 200mm 的柔性套管。

⑩伸缩缝的设置应符合下列规定：

A. 在与内外墙、柱等垂直构件交接处应留不间断的伸缩缝，伸缩缝填充材料应采用搭接方式连接，搭接宽度不应小于 10mm；伸缩缝填充材料与墙、柱应有可固定措施，距地面绝热层连接应紧密，伸缩缝宽度不宜小于 10mm。伸缩缝填充材料宜采用高发泡聚乙烯泡沫塑料。

B. 当地面面积超过 $30m^2$ 或边长超过 6m 时，应按不大于 6m 间距设置伸缩缝，伸缩缝宽度不应小于 8mm。伸缩缝宜采用高发泡聚乙烯泡沫塑料或内满填弹性膨胀膏。

C. 伸缩缝应从绝热层的上边缘做到填充层的上边缘。

5. 分、集水器安装

①分、集水器安装可在加热管敷设前安装，也可在敷设管道回填细石混凝土后与阀门、水表一起安装。安装必须平直、牢固，在细石混凝土回填前安装需做水压试验。

②当水平安装时，一般宜将分水器安装在上，集水器安装在下，中心距宜为 200mm，且集水器中心距地面不小于 300mm。

③当垂直安装时，分、集水器下端距地面应不小于 150mm。

④加热管始末端出地面至连接配件的管段，应设置在硬质套管内。加热管与分、集水器分路阀门的连接，应采用专用卡套式连接件或插接式连接件。

6. 填充层施工

①在加热管系统试压合格后方能进行细石混凝土层回填施工。细石混凝土层施工应遵循土建工程施工规定，优化配合比设计，选出强度符合要求、施工性能良好、体积收缩稳定性好的配合比。建议强度等级应不小于 C15，卵石粒径宜不大于 12mm，并宜掺入适量防止龟裂的添加剂。

②敷设细石混凝土前，必须将敷设完管道后工作面上的杂物、灰渣清除干净（宜用小型空压机清理）。在过门、过沉降缝处、过分格缝部位宜嵌双玻璃条分格（玻璃条用 3mm 玻璃裁划，比细石混凝土面低 1~2mm），其安装方法同水磨石嵌条。

③细石混凝土在盘管加压（工作压力或试验压力不小于 0.4MPa）状态下铺设，回填

层凝固后方可泄压，填充时应轻轻捣固，铺设时不得在盘管上行走、踩踏，不得有尖锐物件损伤盘管和保温层，要防止盘管上浮，应小心下料、拍实、找平。

④细石混凝土接近初凝时，应在表面进行二次拍实、压抹，以防止顺管轴线出现塑性沉缩裂缝。表面压抹后应保湿养护 14 天以上。

7. 面层施工

①施工面层时，不得剔、凿、割、钻和钉填充层，不得向填充层内楔入任何物件。

②面层的施工，应在填充层达到要求强度后才能进行。

③石材、面砖在与内外墙、柱等垂直构件交接处，应留 10mm 宽伸缩缝；木地板铺设时，应留不小于 14mm 的伸缩缝。

伸缩缝应从填充层的上边缘做到高出装饰层上表面 10 ~ 20mm，装饰层敷设完毕后，应裁去多余部分。伸缩缝填充材料宜采用高发泡聚乙烯泡沫塑料。

④以木地板作为面层时，木材应经干燥处理，且应在填充层和找平层完全干燥后，才能进行地板施工。

⑤瓷砖、大理石、花岗石面层施工时，在伸缩缝处宜采用干贴。

8. 检验、调试和验收

（1）检验

①中间验收。地板辐射采暖系统，应根据工程施工特点进行中间验收。中间验收过程为从加热管道敷设和热媒分、集水器装置安装完毕进行试压起至混凝土填充层养护期满再次进行试压止，由施工单位会同监理单位进行。

②水压试验。浇捣混凝土填充层之前和混凝土填充层养护期满之后，应分别进行系统水压试验。水压试验应符合下列要求：

A. 水压试验之前，应对试压管道和构件采取安全有效的固定和养护措施。

B. 试验压力应为不小于系统静压加 0. 3MPa，但不得低于 0. 6MPa。

C. 冬季进行水压试验时，应采取可靠的防冻措施。

③水压试验步骤。水压试验应按下列步骤进行：

A. 经分水器缓慢注水，同时将管道内空气排出。

B. 充满水后，进行水密性检查。

C. 采用手动泵缓慢升压，升压时间不得少于 15min。

D. 升压至规定试验压力后，停止加压 1h，观察有无漏水现象。

E. 稳压 1h 后，补压至规定试验压力值，15min 内的压力降不超过 0. 05MPa，无渗漏为合格。

（2）调试

①系统调试条件。供回水管全部水压试验完毕符合标准；管道上的阀门、过滤器、水表经检查确认安装的方向和位置均正确，阀门启闭灵活；水泵进出口压力表、温度计安装完毕。

②系统调试。热源引进到机房，通过恒温罐及采暖水泵向系统管网供水。调试阶段系统供热温度起始温度为常温（25~30℃）运行24h，然后缓慢逐步提升，每24h提升不超过5℃，在38℃恒定一段时间，随着室外温度不断降低再逐步升温，直至达到设计水温，并调节每一通路水温达到正常范围。

（3）竣工验收

符合以下规定方可通过竣工验收：

①竣工质量符合设计要求和施工验收规范的有关规定。

②填充层表面不应有明显裂缝。

③管道和构件无渗漏。

④阀门开启灵活、关闭严密。

五、热水管道及配件安装

热水管道布置的基本原则是在满足使用与便于维修管理的情况下使管线最短。热水干管根据所选定的方式可以敷设在室内地沟、地下室顶部、建筑物最高层或专用设备技术层内。一般建筑物的热水管放置在预留沟槽、管道竖井内。明装管道尽可能布置在卫生间或非居住人的房间。

（一）工艺流程

准备工作—预制加工—支架安装—管道安装—配件安装—管道冲洗—防腐保温—综合调试。

（二）安装工艺

1. 准备工作

①复核预留孔洞、预埋件的尺寸、位置、标高。

②根据设计图纸画出管路分布的走向、管径、变径、甩口的坐标、高程、坡度坡向及支、吊架、卡件的位置，画出系统节点图。

2. 预制加工

①根据图纸和现场实际测量的管段尺寸，按草图计算管道长，在管段上画出所需的分

段尺寸后，将管道垂直切断，处理管口，套丝上管件，调直。

②将预制加工好的管段编号，放到适当位置，待安装。

3. **支架安装**

①位置正确，埋设应平整、牢固。

②固定支架与管道接触应紧密，固定应牢靠。

③滑动支架应灵活，滑托与滑槽两侧间应留有3~5mm的间隙，纵向移动量应符合设计要求。

④有热伸长管道的吊架、吊杆应向热膨胀的反方向偏移。

⑤固定在建筑结构上的管道支、吊架不得影响结构的安全。

4. **管道安装**

按管道的材质可分为铜管安装、镀锌钢管安装和复合管安装。

①铜管连接可采用专用接头或焊接。当管径小于22mm时，宜采用承插或套管焊接，承口应朝介质流向安装；当管径大于或等于22mm时，应采用对口焊接。

A. 铜管应使用专用刀具切断，要求铜管的切割面必须与铜管中心线垂直，铜管端部、外表面与铜管管件相接的一段应清洁、无油污，方可焊接。

B. 铜管卡套连接应符合下列规定：

a. 管口断面应垂直平整，且应使用专用工具将其整圆或扩口。

b. 应使用活扳手或专用扳手，严禁使用管子钳旋紧螺母。

c. 连接部位宜采用二次装配，当一次完成时，螺母拧紧应从力矩激增点后再旋转1~1.5圈，使卡套刃口切入管子，但不可旋得过紧。

C. 铜管冷压连接应符合下列规定：

a. 应采用专用压接工具。

b. 管口断面应垂直、平整，且管口无毛刺。

c. 管材插入管件的过程中，密封圈不得扭曲变形。

d. 压接时，卡钳端面应与管件轴线垂直，达到规定卡压力后再延时1~2s。

D. 铜管法兰式连接的垫片可采用耐温夹布橡胶板或铜垫片等；法兰连接应采用镀锌螺栓，对称旋紧。

E. 铜管钎焊连接应符合下列规定：

a. 钎焊强度小，一般焊口采用搭接形式。搭接长度为管壁厚度的6~8倍，管道的外径≤25mm时，搭接长度为管道外径的1.2~1.5倍。

b. 焊接前应对焊接处铜管外壁和管件内壁用细砂纸、钢毛刷或含其他磨料的布砂纸擦磨，去除表面氧化物。

c. 外径不大于 55mm 的铜管钎焊时，选用氧-丙烷火焰焊接操作，大于 55mm 的铜管允许用氧-乙炔火焰，焊接过程中，焊枪应根据管径大小选用得当，钎焊火焰应用中性火焰。

d. 均匀加热被焊管件，尽可能快速将母材加热，焊接时，不得出现过热现象，切勿将火焰直接加热钎料。尽可能不要加热焊环（一般加热钎料下部，毛细管作用产生的吸引力使熔化后的钎料往里渗透）。

e. 当钎料全部熔化即停止加热，焊料渗满焊缝后保持静止，自然冷却。由于钎料流动性好，若继续加热钎料会不断往里渗透，不容易形成饱满的焊角。必须特别注意，避免超过必要的温度，且加热时间不宜过长，以免使管件强度降低。

f. 铜管与铜管件装配间隙的大小直接影响钎焊质量和钎料的质量，为了保证通过毛细管作用钎料得以散布，在套接时，应调整铜管自由端和管件承口或插口处，使其装配间隙符合要求。当铜管件或铜管局部变形时，应进行必要的修正后再使用。

g. 铜管与铜合金管件或铜合金管件与铜合金管件间焊接时，应在铜合金管件焊接处使用助焊剂，并在焊接完成后，清除管道外壁的残余熔剂。

h. 管道安装时尽量避免倒立焊。

i. 钎焊结束后，用湿布擦拭连接部分。钎焊后的管件，必须在 8h 内进行清洗，除去残留的熔剂和熔渣。常用煮沸的含 10%~15%的明矾水溶液或含 10%柠檬酸水溶液涂刷接头处，然后再用毛巾擦净。最后用流水冲洗管道，以免残余溶渣滴在管路内引起事故。

②镀锌钢管安装要求参见室内金属给水管道及配件安装。

③复合管安装要求参见低温热水地板辐射采暖系统安装。

④热水管道安装注意事项如下：

A. 管道的穿墙及楼板处均按要求加套管及固定支架。安装伸缩器前按规定做好预拉伸，待管道固定卡件安装完毕后，除去预拉伸的支撑物，调整好坡度，翻身处高点要有放风，低点有泄水装置。

B. 热水立管和装有 3 个以上配水点的支管始端，以及阀门后面按水流方向均应设置可装拆的连接件。热水立管每层设管卡，距地面 1. 5~1. 8m。

C. 热水支管安装前核定各用水器具热水预留口高度、位置。当冷、热水管或冷、热水龙头并行安装时，应符合下列规定：

a. 上下平行安装，热水管在冷水管上方安装。

b. 左右平行安装时，热水管在冷水管的左侧安装。

c. 在卫生器具上安装冷、热水龙头，热水龙头安装在左侧。

d. 冷、热水管上下、左右间距设计未要求时，宜为 100~120mm。

D. 热水横管坡度应大于0.3%，坡向与水流方向相反，以便排气和泄水。在上分式系统配水干管的最高点应设排气装置（自动排气阀或集气罐、膨胀水箱），最低点应设泄水装置（泄水阀或丝堵）或利用最低处水龙头泄水。下分式系统回水立管应在最高配水点以下0.5m处与配水立管连接，以防热气被循环水带走。为避免干管伸缩时对立管的影响，立管与水平干管连接时，立管应加弯管。

E. 热水管道应设固定支架或活动导向支架，固定支架间距应满足管段的热伸长量不大于伸缩器允许的补偿量。

F. 容积式热水加热器或贮水器上接出的热水供水管应从设备顶部接出。当热水供给系统为自然循环时，回水管一般在设备顶部以下1/4高度接入；机械循环时，回水管则从设备底部接入；热媒为热水时，进水管应在设备顶部以下1/4处接入，回水管应从设备底部接入。

G. 热水配水管、回水管、加热器、贮水器、热媒管道及阀门等应进行保温，保温之前应进行防腐处理，保温层外表面加保护层（壳），臂槽转弯处保温应做伸缩缝，缝内填柔性材料。

5. 配件安装

（1）阀门安装

①热水管道的阀门种类、规格、型号必须符合规范及设计要求。

②阀门进行强度和严密性试验，按批次抽查10%，且不少于1个，合格才可安装。对于安装在主干管上起切断功能的阀门，应逐个做强度及严密性试验。

③阀门的强度试验，试验压力应为公称压力的1.5倍，阀体和填料处无渗漏为合格。严密性试验，试验压力为公称压力的1.1倍，阀芯密封面不漏为合格。

（2）安全阀安装

在闭式热水供给系统中，热媒为蒸汽或大于90℃的热水时，加热器除安装安全阀（宜用微启式弹簧安全阀）外，还应设膨胀罐或膨胀管。开式热水供给系统的加热器可不装安全阀。安全阀的开启压力一般为加热器处工作压力的1.1倍，但不得大于加热器的设计压力（一般有0.59MPa、0.98MPa、1.57MPa 3种规格）。

安全阀的直径应比计算值大一级，一般可取安全阀阀座内径比加热器热水出水管管径小一号。安全阀直立安装在加热器顶部，其排出口应用管将热水引至安全地点。在安全阀与设备间不得装吸水管、引气管或阀门。

①弹簧式安全阀要有提升手把和防止随便拧动调整螺钉的装置。

②检查其垂直度，当发现倾斜时，应进行校正。

③调校条件不同的安全阀，在热水管道投入试运行时，应及时进行调校。

④安全阀的最终调整宜在系统上进行，开启压力和回座压力应符合设计文件的规定。

⑤安全阀调整后，在工作压力下不得有泄漏。

⑥安全阀最终调整合格后，应做标志，重做铅封，并填写《安全阀调整试验记录》。

⑦膨胀管是一种吸收热水供给系统内热水升温膨胀量，防止设备和管网超压的简易装置，适用于设置膨胀水箱的系统。其引入管应从上接入，入口与水箱最高水位间应有 50～100mm 的间隙。多台加热器宜分别设置各自的膨胀管，膨胀管上严禁设阀门，寒冷地区应采取保温措施。膨胀管管径选用：锅炉或加热器的传热面积为小于 $10m^2$、$10\sim15m^2$、$15\sim20m^2$、大于 $20m^2$ 时，膨胀管最小管径分别为 25mm、32mm、40mm、50mm。

闭式热水供给系统中宜设膨胀水罐以吸收加热、贮热设备及管道内水升温时的膨胀量。膨胀罐可设在加热器和止回阀间的冷水进水管或热水回水管的分支管上。

（3）温度自动调节装置

主要有自动式、电动式和电磁式温度调节阀。安装前应将感温包放在热水中试验，且符合产品性能要求。调节阀安装时应加旁通管，旁通管及调节阀前后应加装阀门，调节阀前装截污器，以保证其正常运行。容积式加热器的感温包宜靠近加热盘管上部安装。

（4）管道伸缩补偿装置

金属管道随热水温度升高会伸长，而出现弯曲、位移、接头开裂等现象，因此，在较长的直线热水管路上，每隔一定距离须设伸缩器。常用伸缩器主要有 L 或 Z 形自然补偿器、N 形伸缩器、套管伸缩器、波纹管伸缩器等。

（5）仪表

温度计的刻度范围应为工作温度范围的 2 倍。压力表的精度不应低于 2.5 级，表盘直径不小于 100mm，刻度极限值宜为工作压力的 2 倍。冷水供水管上装冷水表，热水供水管或供水点上装热水表。

6. 管道试压

热水管道试压一般为分段试压和系统试压进行。

①管网注水点应设在管段的最低处，由低向高将各个用水管末端封堵，关闭入口总阀门和所有泄水阀门及低处泄水阀门，打开各分路及主管阀门，水压试验时不连接配水器具。注水时打开系统排气阀，排净空气后将其关闭。

②充满水后进行加压，升压采用电动打压泵，升压时间不应小于 10min，也不应大于 15min。当设计未注明时，热水供应系统水压试验，其压力应为系统顶点的工作压力加 0.1MPa，同时在系统顶点的试验压力不小于 0.3MPa。

③当压力升到设计规定试验值时应停止加压，进行检查，持续观测 10min，观察其压力下降不大于 0.02MPa，然后将压力降至工作压力检查，压力应不降，且不渗不漏即为合

格。检查全部系统，如有漏水则在该处做好标记，进行修理，修好后再充满水进行试压，试压合格后由有关人员验收签认，办理相关手续。

④水压试验合格后把水泄净，管道做好防腐保温处理，再进行下道工序。

7. 管道冲洗

热水管道在系统运行前必须进行冲洗。热水管道试压完成后即可进行冲洗，冲洗应用自来水连续进行，要求以系统最大设计流量或不小于1.5m/s的流速进行冲洗，直到出水口的水色和透明度与进水目测一致为合格。

8. 综合调试

空调施工安装工艺：

①检查热水系统阀门是否全部打开。

②开启热水系统的加压设备向各个配水点送水，将管端与配水件接通，并以管网的设计工作压力供水，将配水件分批开启，各配水点的出水应通畅；高点放气阀反复开闭几次，将系统中的空气排净。检查热水系统全部管道及阀件有无渗漏、热水管道的保温质量等，若有问题处应先查明原因，解决后再按照上述程序运行。

③开启系统各个配水点，检查通水情况，记录热水系统的供回水温度及压差，待系统正常运行后，做好系统试运行记录，办理交工验收手续。

第二节　室外热力管道的施工安装

热电站集中供热和区域供热具有高效能、低热耗、减少环境污染等优点，由热电站或中心锅炉房到用户的热媒，往往要经过几千米或几十千米的长距离运送，而且其管道的管径一般较大，热媒的压力较大，温度也较高。因此对于室外热力管道的施工安装、质量要求等都较为严格。室外热力管道常采用地下敷设和架空敷设。地下敷设的管道一般有可通行地沟敷设、半通行地沟敷设、不可通行地沟和无地沟敷设等。

对于地下敷设的热力管道，除有管道的安装工作外，还有开挖沟槽的土方工程，而土方工程的工程量占整个管道施工工程量的比重较大，因此应组织好土方工程工作的进行。

一、室外供热管道及附件安装

室外供热管道管径大、分支较少、管线较长，因此在施工时，应当注意管道各种支架的安装位置是否正确。热力管道支吊架的作用是支撑热力管道，并限制管道的侧向变形和位移。它要承受由热力管道传来的管内压力、外负载作用力（包括重力、摩擦力、风力等）及温度变化时引起管道变形的弹性力，并将这些力传到支吊结构上去。

（一）工艺流程

定位放线—支、吊架形式选择—支、吊架安装—热力管道安装—附件安装—防腐保温。

（二）安装工艺

1. 定位放线

按照图纸要求，放出管道中心线，在管道水流方向改变的节点、阀门安装处、管道分支点等位置进行放线，并在变坡点放出标高线。

2. 支、吊架形式选择

热力管道支吊架的作用是支吊热力管道，并限制管道的侧向变形和位移。它要承受由热力管道传来的管内压力、外负载作用力（包括重力、摩擦力、风力等）及温度变化时引起管道变形的弹性力，并将这些力传到支、吊结构上去。

管道支、吊架的形式很多，按照对管道的制约情况，可分为固定支架和活动支架。

（1）活动支架

热力管道活动支架的作用是直接承受热力管道及其保温结构的重量，并使管道在温度的作用下能沿管轴向自由伸缩。活动支架的结构形式有滑动支架、滚动支架、悬吊支架及导向支架等。

①滑动支架。滑动支架分为低位滑动支架和高位滑动支架。它是用一定规格的槽钢段焊在管道下面作为支座，并利用此支座在混凝土底座上往复滑动。高位滑动支架的结构形式，只不过其托架高度高于保温层厚度，克服了低位滑动支架在支座周围不能保温的缺陷，因而管道热损失较小。

②滚动支架。滚动支架利用滚子的转动来减小管子移动时的摩擦力。其结构形式有滚轴支架和滚柱支架，结构较为复杂。一般只用于介质温度较高、管径较大的架空敷设的管道上。地下敷设，特别是不通行地沟敷设时，不宜采用滚动支架，这是因为滚动支架由于锈蚀不能转动时，会影响管道自由伸缩。

③悬吊支架。悬吊支架（吊架）结构简单。在热力管道有垂直位移的地方，常装设弹簧吊架。

设置悬吊支架时，应将它支撑在可靠的结构上，应尽量生根在土建结构的梁、柱、钢架或砖墙上。悬吊支架的生根结构一般采用插墙支承或与土建结构预埋件相焊接的方式。如无预埋件时，可采用梁箍或槽钢夹柱的方式。

由于管道各段的温度形变量不同，悬吊支架的偏移角度不同，致使各悬吊支架受力不均，引起供热管发生扭曲。为减少供热管道产生扭曲，应尽量选用较长的吊杆。

在安装悬吊支架的供热管道上，应选用能承受扭曲的补偿器，如方形补偿器等，而不得采用套筒形补偿器。

④导向支架。导向支架由导向板和滑动支架组成。通常装在补偿器的两侧，其作用是使管道在支架上滑动时不致偏离管子中心线，即在水平供热管道上只允许管道沿轴向水平位移，导向板防止管道横向位移。

（2）固定支架

热力管道固定支架的作用如下。

①在有分支管路与之相连接的供热管网的干管上，或与供热管网干管相连接的分支管路上，在其节点处设置固定支架，以防止由于供热管道的轴向位移使其连接点受到破坏。

②在安装阀门处的供热管道上设置固定支架，以防止供热管道的水平推力作用在阀门上，破坏或影响阀门的开启、关断及其严密性。

③在各补偿器的中间设置固定支架，均匀分配供热管道的热伸长量，保证热补偿器安全可靠地工作。由于固定支架不但承受活动支架摩擦反力、补偿器反力等很大的轴向作用力，而且要承受管道内部压力的反力，所以，固定支架的结构一般应经设计计算确定。

在供热工程中，最常用的是金属结构的固定支架，采用焊接或螺栓连接的方法将供热管道固定在固定支架上。金属结构的固定支架形式很多，常用的有夹环式固定支架、焊接角钢固定支架、焊槽钢的固定支架和挡板式固定支架。

夹环式固定支架和焊接角钢固定支架常用在管径较小，轴向推力也较小的供热管道上，与弧形板低位活动支架配合使用。

槽钢形活动支架的底面钢板与支撑钢板相焊接，就成为固定支架。它所承受的轴向推力一般不超过 50kN，轴向推力超过 50kN 的固定支架，应采取挡板式固定支架。

3. 支架的安装

管道支吊架形式的确定要由对管道所处位置点上的约束性质来决定。若管道约束点不允许有位移，则应设置固定支架；若管道约束点处无垂直位移或垂直位移很小，则可设置活动支架。

活动支架的间距是由供热管道的允许跨距来决定的。供热管道允许跨距的大小，决定于管材的强度、管子的刚度、外荷载的大小、管道敷设的坡度及供热管道允许的最大挠度。供热管道允许跨距的确定，通常按强度及刚度条件来计算，选取其中较小值作为供热管道活动支架的间距。

支、吊架安装一般要求如下。

①支架横梁应牢固地固定在墙、柱子或其他结构物上，横梁长度方向应水平，顶面应

与管子中心线平行。

②无热位移的管道吊架的吊杆应垂直于管子，吊杆的长度要能调节。两根热位移方向相反或位移值不等的管道除设计有规定外，不得使用同一杆件。

③固定支架承受着管道内压力的反力及补偿器的反力，因此固定支架必须严格安装在设计规定的位置，并应使管子牢固地固定在支架上。在无补偿装置、有位移的直管段上，不得安装一个以上的固定支架。

④活动支架不应妨碍管道由于热膨胀所引起的移动。保温层不得妨碍热位移。管道在支架横梁或支座的金属垫块上滑动时，支架不应偏斜或使滑托卡住。

⑤补偿器的两侧应安装 1~2 个导向支架，使管道在支架上伸缩时不致偏移中心线。在保温管道中不宜采用过多的导向支架，以免妨碍管道的自由伸缩。

⑥支架的受力部件，如横梁、吊杆及螺栓等的规格应符合设计或有关标准图的规定。

⑦支架应使管道中心离墙的距离符合设计要求，一般保温管道的保温层表面离墙或柱子表面的净距离不应小于 60mm。

⑧弹簧支、吊架的弹簧安装高度，应按设计要求调整，并做出记录。弹簧的临时固定件，应待系统安装、试压、保温完毕后方可拆除。

⑨铸铁、铅、铝用大口径管道上的阀门，应设置专用支架，不得以管道承重。

另外，管道支架的形式多种多样，安装要求也不尽一致。

4. 热力管道安装

（1）有地沟敷设管道的安装

①可通行和半通行地沟内管道安装。这两种地沟内的管道可以装设在地沟内一侧或两侧，管道支架一般都采用钢支架。安装支架，一般在土建浇筑地沟基础和砌筑沟墙前，根据支架的间距及管道的坡度确定出支架的具体位置、标高，向土建施工人员提出预留安装支架孔洞的具体要求。若每只支架上安放的管子超过一根，则应按支架间最小间距来预埋或预留孔洞。

管道安装前，需检查支架的牢固性和高程。然后根据管道保温层表面与沟墙间的净距要求，在支架上标出管道的中心线，就可将管道就位。若同一地沟内设置成多层管道，则最好将下层的管子安装、试压、保温完成后，再逐层向上面进行安装。

地沟内部管道的安装，通常也是先在地面上开好坡口、分段组装后再就位于管沟内各支架上。

②不通行地沟内管道安装。在不通行地沟内，管道只设成一层，且管道均安装在混凝土支墩上。支墩间距即为管道支架间距，其高度应根据支架高度和保温厚度。支墩可在浇筑地沟基础时一并筑出，且其表面须预埋支撑钢板。要求供、回水管的支墩应错开布置。

因不通行地沟内的操作空间较狭小，故管道安装一般在地沟基础层打好后立即进行，待水压试验合格、防腐保温做完后，再砌筑墙和封顶。

（2）直埋敷设管道安装

①沟槽开挖及沟基处理。沟槽的开挖形式及尺寸，是根据开挖处地形、土质、地下水位、管数及埋深确定的。沟槽的形式有盲槽、梯形槽、混合槽和联合槽。

直埋热力管道多采用梯形沟槽。梯形槽的沟深不超过5m，其边坡的大小与土质有关。

因为管道直接坐落在土壤上，沟底管基的处理极为重要。原土层沟底，若土质坚实，可直接座管；若土质较松软，应进行夯实。砾石沟底，应挖出200mm，用好土回填并夯实。因雨或地下水位与沟底较近，使沟底原土层受到扰动时，一般应铺100~200mm厚碎石或卵石垫层，石上再铺100~150mm厚的砂子作为砂枕层。沟基处理时，应注意设计中对坡度、坡向的要求。

②热力管道下管施工。直埋热力管道保温层的做法有工厂预制法、现场浇灌法和沟槽填充法。

A. 工厂预制法。下管前，根据吊装设备的能力，预先把2~4根管子在地面上先组焊在一起，敞口处开好坡口，并在保温管外面包一层塑料保护膜；同时在沟内管道的接口处挖出操作坑，坑深为管底以下200mm，坑处沟壁距保温管外壁不小于200mm。吊管时，不得以绳索直接接保温管外壳，应用宽度约150mm的编织带兜托管子。

B. 现场浇灌法。采用聚氨基甲酸酯硬质泡沫塑料或聚异氰脲酸酯硬质泡沫塑料等，分段进行现场浇灌保温，然后按要求将保温层与沟底间孔隙填充砂层后，除去临时支撑，并将此处用同样的保温材料保温。

C. 沟槽填充法。将符合要求的保温材料调成泥状，直接填充至管道与沟周围的空隙间，且管顶的厚度应符合设计要求，最后是回填土处理。

③管道连接、焊口检查及接口保温。管道就位后，即可进行焊接，然后按设计要求进行焊口检验，合格后可做接口保温工作。注意接口保温前，应先将接口须保温的地方用钢刷和砂布打磨干净，然后采用与保温管道相同的保温材料将接口处保温，且与保温管道的保温材料间不留缝隙。

如果设计要求必须做水压试验，可在接口保温之前，焊口检验之后进行试压，合格后再做接口保温。

④沟槽的回填。回填时，最好先铺70mm厚的粗砂枕层，然后用细土填至管顶以上100mm处，再用厚土回填。要求回填土中不得含有30mm以上的砖或石块，且不能用淤泥土和湿黏土回填。当填至管顶以上0.5m时，应夯实后再填，每回填0.2~0.3m，夯击三遍，直到地面。回填后沟槽上的土面应略呈拱形，拱高一般取150mm。

5. 补偿器安装

室外供热管网担负着向许多热用户供热的任务，为了均衡、安全、可靠地供热，室外供热管网中需要设置一些必要的附属器具。各种附属器具的结构、性能不同，作用也不同，施工时一定要注意它们的安装方法和安装要求，以保证它们工作可靠、维修工作方便。

①方形伸缩器安装。

A. 伸缩器应在两固定支架间的管道安装完毕，并固定牢固后进行安装。

B. 吊装时，应使其受力均匀，起吊应平稳，防止变形。吊装就位后，必须将两臂预拉或预撑其补偿量的一半，偏差不应大于±10mm，以充分利用其补偿能力。

C. 预拉伸焊接位置应选择在距伸缩器弯曲起点 2~2.5m 处。方形补偿器的冷拉方法有千斤顶法、拉管器拉伸和撑拉器拉伸。

D. 伸缩器与管道连接好后，为避免焊缝拉开、裂缝，一定要注意待焊缝完全冷却后，方可将预拉器具拆除。

②波纹管补偿器的安装。波纹管是用薄壁不锈钢钢板通过液压或辊压而制成波纹形状，然后与端管、内套管及法兰组对焊接而成补偿器。波纹的形状有 U 形和 O 形。波形补偿器用于管径不大的低压供热管道上。不锈钢板厚度为 0.2~10mm，适用于工作温度在 450℃以下，公称压力 PN 为 0.25~25MPa，公称直径为 DN25~DN1200 的管路上。波纹管补偿器具有结构紧凑、承压能力高、工作性能好、配管简单、耐腐蚀、维修方便等优点。

波形补偿器（或波纹管）都是用法兰连接，为避免补偿时产生的振动使螺栓松动，螺栓两端可加弹簧垫圈。波形补偿器一般为水平安装，其轴线应与管道轴线重合。可以单个安装，也可以 2 个以上串联组合安装。单独安装（不紧连阀门）时，应在补偿器两端设导向支架，使补偿器在运行时仅沿轴向运动，而不会径向移动。

为保证补偿器工作可靠，在补偿器的管芯附近的活动支架处安装导向支架，以免补偿器工作时管道发生径向位移，使管芯被卡住而损坏补偿器。

③套管式补偿器安装。套管式补偿器又称套筒式补偿器、填料式补偿器。它由套管、插管和密封填料组成。它是靠插管和套管的相对运动来补偿管道的热变形量的。套管式补偿器按壳体的材料不同，分为铸铁制和钢制，按套管式的结构可分为单向和双向。

套管式补偿器的特点是结构简单、紧凑，补偿能力大，占地面积小，施工安装方便。但这种补偿器的轴向推力大、易渗漏，需要经常维修和更换填料，管道稍有角向位移和径向位移，就会造成套管卡住现象，故使用单向套管式补偿器，应安装在固定支架附近，双向套筒式补偿器应安装在两固定支架中部，并应在补偿器前后设置导向支架。

套管式补偿器因其轴向推力较大，如果在一根较长的管路上安装 2 个以上补偿器时，相邻 2 个补偿器的安装方向应彼此相反。中间设置固定支架，一个固定支架两侧的补偿器至固定支架的间距应大致相等。

④球形补偿器的安装。球形补偿器是由球体、壳体和密封圈构成。它能在空间任意方向转动。管道敷设受环境条件限制，不能以同一标高和方向直线敷设时，各段管子的膨胀应力就不在同一中心线上。采用球形补偿器能够吸收由复杂力系产生的多方位应力，即球体以球心为旋转中心，能转动任意角度，靠转动变形吸收应力。

安装时，球形补偿器两端通过法兰盘与供热管道相连接。球面与壳管的间隙用密封圈填入，靠压紧法兰压紧，压紧法兰的螺母拧紧应适度，拧得过紧，会使密封圈弹性受损，缩短使用期。

球形补偿器安装注意事项：

A. 球形补偿器至少由 2 个成对使用，才能收到较好效果。

B. 安装时，两端管道中心线与球形补偿器中心线应重合，以利于球旋转。

C. 两边连接管管端宜用滑动支架，两球之间的管宜用带万向节的滚动支架。

D. 压紧法兰处必须露出一部分球体，当球体朝上安装时，球体部位应采取遮盖措施，防止落入和积存污物，影响球转动。

球形补偿器结构较复杂、造价较高，而且需要维修更换密封填料，承压和耐温方面均不及方形补偿器。

二、热力管道试压和清洗

（一）工作内容

热力管道强度试验—热力管道严密性试验—热力管道清洗。

（二）具体要求

1. 热力管道试压

热力管道安装完后，必须进行其强度与严密性的试验。强度试验用试验压力试验管道，严密性试验用工作压力试验管道。热力管道一般采用水压试验。寒冷地区冬季试压也可以用气压进行试验。

（1）热力管道强度试验

由于热力管道的直径较大，距离较长。一般试验时都是分段进行的。强度试验的试验压力为工作压力的 1.5 倍，但不得小于 0.6MPa。

试验前，应将管路中的阀门全部打开，试验段与非试验段管路应隔断，管道敞口处要用盲板封堵严密；与室内管道连接处，应在从干线接出的支线上的第一个法兰中插入盲板。

经充水排气后关闭排气阀，若各接口无漏水现象就可缓慢加压。先升压至 1/2 试验压力，全面检查管道，无渗漏时继续升压。当压力升至试验压力时，停止加压并观测 10min，若压力降不大于 0. 05MPa，可认为系统强度试验合格。

另外，管网上用的预制三通、弯头等零件，在加工厂用 2 倍的工作压力试验，闸阀在安装前用 1. 5 倍工作压力试验。

（2）热力管道的严密性试验

严密性试验一般伴随强度试验进行，强度试验合格后将水压降至工作压力，用质量不大于 1. 5kg 的圆头铁锤，在距焊缝 15～20mm 处沿焊缝方向轻轻敲击，各接口若无渗漏则管道系统严密性试验合格。

当室外温度在-10～0℃间仍采用水压试验时，水的温度应为 50℃左右的热水。试验完毕后应立即将管内存水排放干净。有条件时最好用压缩空气冲净。

还应指出的是，对于架空敷设热力管道的试压，其手压泵及压力表如在地面上，则其试验压力应加上管道标高至压力表的水静压力。

2. 热力管道清洗

热力管道的清洗应在试压合格后，用水或蒸汽进行。

（1）清洗前的准备

①应将减压器、疏水器、流量计和流量孔板、滤网、调节阀芯、止回阀芯及温度计的插入管等拆下。

②把不应与管道同时清洗的设备、容器及仪表管等与须清洗的管道隔开。

③支架的牢固程度能承受清洗时的冲击力，必要时应予以加固。

④排水管道应在水流末端的低点接至排水量可满足需要的排水井或其他允许排放的地点。排水管的截面积应按设计或根据水力计算确定，并能将脏物排出。

⑤蒸汽吹洗用排汽管的管径应按设计或根据计算确定，并能将脏物排出，管口的朝向、高度、倾角等应认真计算，排汽管应简短，端部应有牢固的支撑。

⑥设备和容器应有单独的排水口，在清洗过程中管道中的脏物不得进入设备，设备中的脏物应单独排泄。

（2）热力管道水力清洗

①清洗应按主干线、支干线的次序分别进行，清洗前应充水浸泡管道。

②小口径管道中的脏物，在一般情况下不宜进入大口径管道中。

③在清洗用水量可以满足需要时，尽量扩大直接排水清洗的范围。

④水力冲洗应连续进行并尽量加大管道内的流量，一般情况下管内的平均流速不应低于1.0m/s。

⑤对于大口径管道，当冲洗水量不能满足要求时，宜采用密闭循环的水力清洗方式，管内流速应达到或接近管道正常运行时的流速。在循环清洗的水质较脏时，应更换循环水继续进行清洗。循环清洗的装置应在清洗方案中考虑和确定。

⑥管网清洗应以排水中全固形物的含量接近或等于清洗用水中全固形物的含量为合格；当设计无明确规定时，入口水与排水的透明度相同即为合格。

（3）热力管道蒸汽吹洗

输送蒸汽的管道宜用蒸汽吹洗。蒸汽吹洗按下列要求进行：

①吹洗前，应缓慢升温暖管，恒温1h后进行吹洗。

②吹洗用蒸汽的压力和流量应按计算确定。一般情况下，吹洗压力应不大于管道工作压力的75%。

③吹洗次数一般为2~3次，每次的间隔时间为2~4h。

④蒸汽吹洗的检查方法：将刨光的洁净木板置于排汽口前方，板上无铁锈、脏物即为合格。

清洗合格的管网应按技术要求恢复，拆下设施及部件，并应填写供热管网清洗记录。

第七章　室内给排水施工安装技术

第一节　室内给水系统安装

室内给水系统的任务是按满足用户对水质、水量、水压等要求，把水输送到各个用水点。用水点一般包括生活配水龙头、生产用水设备、消防设备等。

室内给水系统，根据给水性质和要求不同，基本上可分为生活给水系统、生产给水系统和消防给水系统。实际上室内给水系统往往不是单一用途给水系统，而是组合成生活-生产、生产-消防、生活-消防或生活-生产-消防合并的给水系统。这些室内给水系统除用水点设备不同外，其系统组成基本上是相同的。

一、室内给水系统的组成

一般室内给水系统由下列各部分组成：

①引入管是室外给水管网与室内给水管网之间的联络管段，也称进户管。给水系统的引入管系指总进水管。

②水表结点是指引入管上装设的水表及其前后设置的闸门、泄水装置的总称。

③管道系统由水平干管、立管、支管等组成。

④用水设备指卫生器具、生产用水设备和消防设备等。

⑤给水管道附件指管路上的闸门、止回阀、安全阀和减压阀等。

⑥增压和贮水设备。当城市管网压力不足或建筑对安全供水、水压稳定有要求时，需设置的水箱、水泵、气压装置、水池等增压和贮水设备。

二、室内金属给水管道和附件安装

（一）工艺流程

测量放线—预制加工—支、吊架安装—干管安装—立管安装—支管安装—管道试压—管道保温—管道冲洗、通水—管道消毒。

（二）安装工艺

1. 测量放线

根据施工图纸进行测量放线，在实际安装的结构位置做好标记，确定管道支、吊架位置。

2. 预制加工

①按设计图纸画出管道分路、管径、变径、预留管口及阀门位置等施工草图，按标记分段量出实际安装的准确尺寸，记录在施工草图上，然后按草图测得的尺寸预制组装。

②未做防腐处理的金属管道及型钢应及时做好防腐处理。

③在管道正式安装前，根据草图做好预制组装工作。

④沟槽加工应按厂家操作规程执行。

3. 支、吊架安装

①按不同管径和要求设置相应管卡，位置应准确，埋设应平整。管卡与管道接触紧密，但不得损伤管道表面。

②固定支、吊架应有足够的刚度、强度，不得产生弯曲变形等缺陷。

③三通、弯头、末端、大中型附件，应设可靠的支架，用作补偿管道伸缩变形的自由臂不得固定。

4. 干管安装

（1）给水铸铁管道安装

①清扫管膛并除掉承口内侧、插口外侧端头的防腐材料及污物，承口排列朝来水方向顺序排列，连接的对口间隙应不小于1mm，找平后，固定管道。管道拐弯和始端处应固定，防止捻口时轴向移动，管口随时封堵好。

②水泥接口时、捻麻时将油麻绳拧成麻花状，用麻钎捻入承口内，承口周围间隙应保持均匀，一般捻口两圈半，约为承口深度的1/3。将油麻捻实后进行捻灰（水泥强度等级为32.5级，水灰比为1∶9），用捻凿将灰填入承口，随填随捣，直至将承口打满，承口捻完后应用湿土覆盖或用麻绳等物缠住接口进行养护，并定时浇水，一般养护48h。

③青铅接口时，应将接口处水痕擦拭干净，在承口油麻打实后，用定型卡箍或包有胶泥的麻绳紧贴承口，缝隙用胶泥抹严，用化铅锅加热铅锭至500℃左右（液面呈紫红色），铅口位于上方，应单独设置排气孔，将熔铅缓慢灌入承口内，排出空气。对于大管径管道灌铅速度可适当加快，以防熔铅中途凝固。每个铅口应一次灌满，凝固后立即拆除卡箍或泥模，用捻凿将铅口打实。

（2）镀锌管安装

①丝扣连接。管道缠好生料带或抹上铅油缠好麻，用管钳按编号依次上紧，丝扣外露2~3扣，安装完后找直、找正，复核甩口的位置、方向及变径无误，清除麻头，做好防腐，所有管口要做好临时封堵。

②管道法兰连接。管径小于等于100mm，宜用丝扣法兰；若管径大于100mm，应采用焊接法兰，二次镀锌。安装时，法兰盘的连接螺栓直径、长度应符合规范要求，紧固法兰螺栓时要对称拧紧，紧固好的螺栓外露丝扣应为2~3扣。法兰盘连接衬垫，一般给水管（冷水）采用橡胶垫，生活热水管道采用耐热橡胶垫，垫片要与管径同心，不得多垫。

③沟槽连接。胶圈安装前除去管口端密封处的泥沙和污物，胶圈套在一根管的一端，然后将另一根钢管的一端与该管口对齐、同轴，两端距离要留一定的间隙，再移动胶圈，使胶圈与两侧钢管的沟槽距离相等。胶圈外表面涂上专用润滑剂或肥皂水，将两瓣卡箍卧进沟槽内，再穿入螺栓，并均匀地拧紧螺母。

④丝扣外露及管道镀锌表面损伤部分做好防腐。

（3）铜管安装

①安装前先对管道进行调直，冷调法适用于外径小于等于108mm的管道，热调法适用于外径大于108mm的管道。调直后不应有凹陷、破损等现象。

②当用铜管直接弯制弯头时，可按管道的实际走向预先弯制成所需弯曲半径的弯头，多根管道平行敷设时，要排列整齐，管间距要一致，整齐、美观。

③薄壁铜管可采用承插式钎焊接口、卡套式接口和压接式接口；厚壁铜管可采用螺纹接口、沟槽式接口和法兰式接口。

A. 钎焊连接。钎焊强度小，一般焊口采用插接形式。插接长度为管壁厚的6~8倍，管道外径小于等于28mm时，插接长度为（1.2~1.5）D（mm），当铜管与铜合金管件或铜合金管件与铜合金管件间焊接时，应在铜合金管件焊接处使用助焊剂，并在焊接完成后清除管外壁的残余熔剂。

覆塑铜管焊接时应剥出不小于200mm裸铜管，焊接完成后复原覆塑层。钎焊后的管件必须及时进行清洗，除去残留的熔剂和熔渣。

B. 卡套式连接。管口断面应垂直、平整，且应使用专用工具将其整圆或扩口，安装时应使用专用扳手，严禁使用管钳旋紧螺母。

C. 压接式接口。应用专用压接工具，管材插入管件的过程中，密封圈不得扭曲变形，压接时卡钳端面应与管件轴线垂直，达到规定压力时延时1~2s。

D. 螺纹连接、沟槽连接和法兰连接方法同镀锌钢管。黄铜配件与附件螺纹连接时，宜采用聚四氟乙烯带，法兰连接时，垫片可采用耐热橡胶板或铜垫片。

5. 立管安装

（1）立管明装

每层从上至下统一吊线安装卡件，先画出横线；再用线坠吊在立管的位置上，在墙上弹出或画出垂直线，根据立管卡的高度在垂直线上确定出立管卡的位置，并画好横线，然后再根据所画横线和垂直线的交点打洞栽卡。将预制好的立管按编号分层排开，顺序安装，对好调直时的印记，校核甩口的高度、方向是否正确。外露丝扣和镀锌层破坏处刷好防锈漆，支管甩口均加好临时封堵。立管阀门安装的朝向应便于操作和维修。安装完后用线坠吊直找正，配合土建堵好楼板洞。立管的管卡安装，当层高小于或等于 5m 时，每层需安装一个；当层高大于 5m 时，每层不得小于 2 个管卡的安装高度，应距地面 1.5～1.8m；2 个以上的管卡应均匀安装，成排管道或同一房间的立管卡和阀门等的安装高度应保持一致。管卡栽好后，再根据干管和支管横线测出各立管的实际尺寸，并进行编号记录，在地面统一进行预制和组装，在检查和调直后方可进行安装。

（2）立管暗装

竖井内立管安装的卡件应按设计和规范要求设置。安装在墙内的立管宜在结构施工中预留管槽，立管安装时吊直找正，用卡件固定，支管的甩口应明露，并做好临时封堵。

6. 支管安装

①支管明管。安装前应配合土建方正确预留孔洞和预埋套管，先按立管上预留的管口在墙面上画出（或弹出）水平支管安装位置的横线，并在横线上按图纸要求画出各分支线或给水配件的位置中心线，再根据横线中心线测出各支管的实际尺寸进行编号记录，根据记录尺寸进行预制和组装（组装长度以方便上管为宜），检查调直后进行安装。

②管道嵌墙、直埋敷设时，宜在砌墙时预留凹槽。凹槽尺寸为深度等于 D_e +20mm；宽度为 D_e +（40～60）mm。凹槽表面必须平整，不得有尖角等凸出物，管道安装、固定、试压合格后，凹槽用 M7.5 级水泥砂浆填补密实。若在墙上凿槽，应先确定墙体强度，强度不足或墙体不允许凿槽时不得凿槽，只能在墙面上固定敷设后用 M7.5 级水泥砂浆抹平或加贴侧砖加厚墙体。

③管道在楼（地）坪面层内直埋时，预留的管槽深度不应小于管外径 D_e +20mm，管槽宽度宜为管外径 D_e +40mm。

④管道穿墙时可预留孔洞，墙管或孔洞内径宜为管外径 D_e +50mm。

⑤支管管外皮距墙面（装饰面）留有操作空间。

7. 管道试压

①管道试验压力应为管道系统工作压力的 1.5 倍，但不得小于 0.6MPa。

②管道水压试验应符合下列规定：

A. 水压试验之前，管道应固定牢固，接头应明露。室内不能安装各配水设备（如水嘴、浮球阀等），支管不宜连通卫生器具配水件。

B. 加压宜用手压泵，泵和测量压力的压力表应装设在管道系统的底部最低点（不在最低点时应折算几何高差的压力值），压力表精度为0.01MPa，量程为试压值的1.5倍。

C. 管道注满水后，排出管内空气，封堵各排气出口，进行严密性检查。

D. 缓慢升压，升至规定试验压力，10mm内压力降不得超过0.02MPa，然后降至工作压力检查，压力应不降，且不渗不漏。

E. 直埋在地坪面层和墙体内的管道，分段进行水压试验，试验合格后土建方可继续施工（试压工作必须在面层浇筑或封闭前进行）。

8. 管道保温

①给水管道明装、暗装的保温有管道防冻保温、管道防热损失保温、管道防结露保温。保温材质及厚度应按设计要求执行，质量应达到国家规定标准。

②管道保温应在水压试验合格后进行，如需先保温或预先做保温层，应将管道连接处和焊缝留出，待水压试验合格后，再将连接处保温。

③管道法兰、阀门等应按设计要求保温。

9. 管道冲洗、通水试验

①管道系统在验收前必须进行冲洗，冲洗水应采用生活饮用水，流速不得小于1.5m/s。应连续进行，保证充足的水量，出水水质和进水水质透明度一致为合格。

②系统冲洗完毕后应进行通水试验，按给水系统的1/3配水点同时开放，各排水点通畅，接口处无渗漏。

10. 管道消毒

①管道冲洗、通水后，将管道内的水放空，各配水点与配水件连接后，进行管道消毒，向管道系统内灌注消毒溶液，浸泡24h以上。消毒结束后，放空管道内的消毒液，再用生活饮用水冲洗管道，直至各末端配水件出水水质经水质部门检验合格为止。

②管道消毒完后打开进水阀向管道供水，打开配水点水龙头适当放水，在管网最远点取水样，经卫生监督部门检验合格后方可交付使用。

三、室内非金属给水管道及附件安装

（一）工艺流程

测量放线—预制加工—管道敷设—管道连接—管道固定—水压试验—清洗消毒。

（二）安装工艺

1. 无规共聚聚丙烯（PP-R）给水管道及附件安装

（1）测量放线

①管道安装应测量好管道坐标、标高、坡度线。

②管道安装时，热水、采暖管道埋地不应有接头，应复核冷、热水管的公称压力、等级和使用场合。管道的标识应面向外侧，处于明显位置。

（2）预制加工

①管材切割前，必须正确测量和计算好所需长度，用铅笔在管表面画出切割线和热熔连接深度线。

②切割管材必须使端面垂直于管轴线。管材切割应使用管子剪、断管器或管道切割机，不宜用钢锯锯断管材。若使用时，应用刮刀清除管材锯口的毛边和毛刺。

③管材与管件的连接端面和熔接面必须清洁、干燥、无油污。

④熔接弯头或三通等管件时，应注意管道的走向。宜先进行预装，校正好方向，用铅笔画出轴向定位线。

（3）管道敷设

①管道嵌墙、直埋敷设时，宜在砌墙时预留凹槽。凹槽尺寸为深度等于 D_e +20mm；宽度为 D_e +40~60mm。

②管道在楼（地）坪面层内直埋时，预留的管槽深度不应小于 D_e +20mm，管槽宽度宜为 D_e +40mm。管道安装、固定、试压合格后，管槽用与地坪层相同强度等级的水泥砂浆填补密实。

③管道安装时，不得有轴向扭曲。穿墙或穿楼板时，不宜强制校正。给水 PP-R 管道与其他金属管道平行敷设时，应有一定的保护距离，净距离不宜小于 100mm，且 PP-R 管宜在金属管道的内侧。

④室内明装管道，宜在土建初装完毕后进行，安装前应配合土建方正确预留孔洞和预埋套管。

⑤管道穿越楼板时，应设置硬质套管（内径 = D_e +30~40mm），套管高出地面 20~50mm。管道穿越屋面时，应采取严格的防水措施。

⑥管道穿墙时，应配合土建方设置硬质套管，套管两端应与墙的装饰面持平。

⑦直埋式敷设在楼（地）坪面层及墙体管槽内的管道，应在封闭前做好试压和隐蔽工程验收工作。

⑧建筑物埋地引入管或室内埋地管道的铺设要求如下：

A. 室内地坪±0.000 以下管道铺设宜分两阶段进行。先进行室内段的铺设，至基础墙外壁500mm为止；待土建施工结束，且具备管道施工条件后，再进行户外管道的铺设。

B. 室内地坪以下管道的铺设，应在土建工程回填土夯实以后，重新开挖管沟，将管道铺设在管沟内。严禁在回填土之前或在未经夯实的土层中敷设管道。

C. 管沟底应平整，不得有凸出的尖硬物体，必要时可铺100mm厚的砂垫层。

D. 管沟回填时，管道周围100mm以内的回填土不得夹杂尖硬物体。应先用砂土或过筛的颗粒不大于12mm的泥土，回填至管顶以上100mm处，经洒水夯实后再用原土回填至管沟顶面。室内埋地管道的埋深不宜小于300mm。

E. 管道出地坪处应设置保护套管，其高度应高出地坪100mm。

F. 管道在穿越基础墙处应设置金属套管。套管顶与基础墙预留孔的孔顶之间的净空高度，应按建筑物的沉降量确定，但不应小于100mm。

G. 管道在穿越车行道时，覆土厚度不应小于700mm，达不到此厚度时，应采取相应的保护措施。

（4）管道连接

①PP-R管材与金属管材、管件、设备连接时，应采用带金属嵌件的过渡管件或专用转换管件，在塑料管热熔接后，丝扣连接金属管材、管件。严禁在塑料管上套丝连接。

②管材截取后，必须清除毛边、毛刺，管材、管件连接面必须清洁、干燥、无油污。

③同种材质的PP-R管材和管件之间，应采用热熔连接或电熔连接。熔接时，应使用专用的热熔或电熔焊接机具。直埋在墙体内或地面内的管道，必须采用热（电）熔连接，不得采用丝扣或法兰连接。丝扣或法兰连接的接口必须明露。

④PP-R管材与金属管件相连接时，应采用带金属嵌件的PP-R管件作为过渡，该管件与PP-R管材采用热（电）熔连接，与金属管件或洁具的五金配件采用丝扣连接。

⑤便携式热熔焊机适用于公称外径 $D_e \leqslant 63$mm的管道焊接，台式热熔焊机适用于公称外径 $D_e \geqslant 75$mm的管道焊接。

⑥热熔连接应按下列步骤进行：

A. 热熔工具接通电源，待达到工作温度（指示灯亮）后，方能开始热熔。

B. 加热时，管材应无旋转地将管端插入加热套内，插入所标识的连接深度；同时，无旋转地把管件推到加热头上，并达到规定深度的标识处。熔接弯头或三通等有安装方向的管件时，应按图纸要求注意其方向，提前在管件和管材上做好标识，保证安装角度正确，调正、调直时，不应使管材和管件旋转，保持管材与轴线垂直，使其处于同一轴线上。

C. 达到规定的加热时间后，必须立即将管材与管件从加热套和加热头上同时取下，迅速无旋转地沿管材与管件的轴向直线均匀地插入所标识的深度，使接缝处形成均匀的凸缘。

D. 在规定的加工时间内，刚熔接的接头允许立即校正，但严禁旋转。

E. 在规定的冷却时间内，应扶好管材、管件，使其不受扭、弯和拉伸。

⑦电熔连接应按下列步骤进行：

A. 按设计图将管材插入管件，达到规定的热熔深度，校正好方位。

B. 将电熔焊机的输出接头与管件上的电阻丝接头夹好，开机通电，达到规定的加热时间后断电（见电熔焊机的使用说明）。

⑧管道采用法兰连接时，应符合下列规定：

A. 将法兰盘套在管道上，有止水线的面应相对。

B. 校直 2 个对应的连接件，使连接的两片法兰垂直于管道中心线，表面相互平行。

C. 法兰的衬垫应采用耐热无毒橡胶垫。

D. 应使用相同规格的螺栓，安装方向一致，螺栓应对称紧固，紧固好的螺栓应露出螺母之外，宜齐平，螺栓、螺母宜采用镀锌件。

E. 连接管道的长度精确，紧固螺栓时，不应使管道产生轴向拉力。

F. 法兰连接部位应设置支架、吊架。

（5）管道固定

①管道安装时，宜选用管材生产厂家的配套管卡。

②管道安装时必须按不同管径和要求设置支、吊架或管卡，位置应准确，埋设应平整、牢固。管卡与管道接触紧密，但不得损伤管道表面。

③采用金属支、吊架或管卡时，宜采用扁铁制作的鞍形管卡，并在管卡与管道间采用柔软材料进行隔离，不宜采用圆钢制作的 U 形管卡。

④固定支、吊架应有足够的刚度，不得产生弯曲变形等缺陷。

⑤PP-R 管道与金属管配件连接部位，管卡或支架、吊架应设在金属管配件一端。

⑥三通、弯头、接配水点的端头、阀门、穿墙（楼板）等部位，应设可靠的固定支架。用于补偿管道伸缩变形的自由臂不得固定。

（6）压力试验

①冷水管道试验压力应为管道系统设计工作压力的 1.5 倍，但不得小于 1.0MPa。

②热水管道试验压力应为管道系统设计工作压力的 2.0 倍，但不得小于 1.5MPa。

（7）冲洗、消毒

①管道系统在验收前应进行通水冲洗，冲洗水水质经有关水质部门检验合格为止。冲洗水总流量可按系统进水口处的管内流速 1.5m/s，从下向上逐层打开配水点水龙头或进水阀进行放水冲洗，放水时间不小于 1min，同时放水的水龙头或进水阀的计算当量不应大于该管受的计算当量的 1/4，冲洗时间以出水口水质与进水口水质相同时为止。放水冲洗后切断进水，打开系统最低点的排水口将管道内的水放空。

②管道冲洗后，用含 20～30mg/L 的游离氯的水灌满管道，对管道进行消毒。消毒水滞留 24h 后排空。

③管道消毒后打开进水阀向管道供水，打开配水点水龙头适当放水，在管网最远配水点取水样，经卫生监督部门检验合格后方可交付使用。

2. 铝塑复合给水管道安装

（1）预制加工

①检查管材、管件是否符合设计要求和质量标准。

②管材切割前，根据施工草图复核管道管径及长度。

③管道调直。管径小于等于 20mm 的铝塑复合管可直接用手调直；管径大于等于 25mm 的铝塑复合管调直一般在较为平整的地面进行，固定管端，滚动管盘向前延伸，压住管道调直。

④管道弯曲。管径不大于 25mm 的管道，可采用在管内放置专用弹簧用手加力直接弯曲；管径大于 32mm 的管道，宜采用专用弯管器弯曲。

⑤管道切断。管材切断应使用专用管剪、断管器或管道切割机，不宜使用钢锯断管，若使用时，应用刮刀清除管材锯口的毛边和毛刺，切断管材必须使管断面垂直于管轴线。

⑥在条件许可时，可将管材、管件预制组对连接后再安装。

（2）管道敷设安装

在室内敷设时，宜采用暗敷。暗敷方式包括直埋和非直埋。直埋敷设指嵌墙敷设和在楼（地）面内敷设，不得将管道直接埋设在结构内；非直埋敷设指将管道在管道井内、吊顶内、装饰板后敷设，以及在地坪的架空层内敷设。

①管道室内明装时应符合下列要求：

A. 管道敷设部位应远离热源，与炉灶距离不小于 40mm；不得在炉灶或火源的正上方敷设水平管。

B. 管道不允许敷设在排水沟、烟道及风道内；不允许穿越大小便槽、橱窗、壁柜、木装修；应避免穿越建筑物的沉降缝，如必须穿越时，要采取相应措施。

C. 室内明装管道，宜在土建粉刷或贴面装饰后进行，安装前应与土建方密切配合，正确预留孔洞或预埋套管。

D. 管道在有腐蚀性气体的空间明设时，应尽量避免在该空间配置连接件。若非配置不可时，应对连接件做防腐处理。

②管道在室内暗设时应符合下列要求：

A. 直埋敷设的管道外径不宜大于 25mm。嵌墙敷设的横管距地面的高度宜不大于 0.45m，且应遵循热水管在上、冷水管在下的规定。

B. 管道嵌墙暗装时，管材应设在凹槽内，并且用管码固定，用砂浆抹平，安装前配合土建预留凹槽，其尺寸设计无规定时，嵌墙暗管槽尺寸的深度为 D_e +20mm，宽度为D_e+（40~60）mm。凹槽表面必须平整，不得有尖角等凸出物。阀门应明装，以便操作。

C. 管道安装敷设在地面砂浆找平层中时，应根据管道布置，画出安装位置，土建专业留槽。管道安装过程中槽底应平整无凸出尖锐物；管道安装完毕试压合格后再做砂浆找平层，并绘制准确位置，做好标识，防止下道工序破坏。

D. 在用水器具集中的卫生间，可采用分水器配水，并使各支管以最短距离到达各配水点。管道埋地敷设部分严禁有接头。

E. 卫生间地面暗敷管道安装比较特殊。卫生间由土建专业先做防水，土建防水合格后，再安装管道，管道安装过程中不得破坏防水。

③铝塑管不能直接与金属箱（池）体焊接，只能用管接头与焊在箱体上的带螺纹的短管相连接，且不宜在防水套管内穿越管，可在两端用管接头与套管内的带管螺纹的金属穿越管相连接。

④管道安装与其他金属管道平行敷设时，应有一定的保护距离，净距离不宜小于100mm，且在金属管道的内侧。

⑤管径不大于 32mm 的管道，在直埋或非直埋敷设时，均可不考虑管道轴向伸缩补偿。

⑥分集水器的安装。

A. 当分集水器水平安装时，一般宜将分水器安装在上，集水器安装在下，中心距宜为 200mm，集水器中心距地面应不小于 300mm；当垂直安装时，分集水器下端距地面应不小于 150mm。

B. 管道始末端出地面至连接配件的管段，应设置在硬质套管内。套管外皮不宜超出集配装置外皮的投影面。管道与集配装置分路阀门的连接，应采用专用卡套式连接件或插接式连接件。

⑦管道连接方式。

A. 卡压式（冷压式）。不锈钢接头采用专用卡钳压紧，适用于各种管径的连接。

B. 卡套式（螺纹压紧式）。铸铜接头采用螺纹压紧，可拆卸，适用于管径小于或等于32mm 的管道连接。

C. 螺纹挤压式。铸铜接头与管道之间加塑料密封层，采用锥形螺帽挤压形式密封，不得拆卸，适用于管径小于或等于 32mm 的管道连接。

D. 过渡连接。铝塑复合管与其他管材、卫生器具金属配件、阀门连接时，采用带铜内丝或铜外丝的过渡接头、管螺纹连接。

⑧管道连接前，应对材料的外观和接头的配件进行检查，并清除管道和管件内的污垢

和杂物，使管材与管件的连接端面清洁、干燥、无油。

⑨螺纹连接。

A. 按设计要求的管径和现场复核后的管道长度截断管道。检查管口，如发现管口有毛刺、不平整或端面不垂直管轴线时，应修正。

B. 用专用刮刀将管口处的聚乙烯内层削坡口，坡角为 20~30°，深度为 1.0~1.5mm，且应用清洁的纸或布将坡口残屑擦干净。

C. 将锁紧螺帽、C 形紧箍环套在管上，用整圆器将管口整圆；用力将管芯插入管内，至管口达管芯根部，同时完成管内圆倒角。整圆器按顺时针方向转动，对准管子内部口径。

D. 将 C 形紧箍环移至距管口 0.5~1.5mm 处，再将锁紧螺帽与管件本体拧紧。

E. 用扳手将螺母拧紧。

⑩压力连接。压制钳有电动压制工具和电池供电压制工具。当使用承压和螺丝管件时，将一个带有外压套筒的垫圈压制在管末端。用 O 形密封圈和内壁紧固起来。压制过程分两种：使用螺丝管件时，只需拧紧旋转螺钉；使用承压管件时，需用压制工具和钳子压接外层不锈钢套管。

（3）卡架固定

①管道安装时，宜选用管材生产厂家的配套管卡。

②三通、弯头、阀门等管件和管道弯曲部位，应适当增设管码或支架，与配水点连接处应采取加固措施。

③管道安装时按不同管径和要求设置管卡或支、吊架，位置应准确，埋设应平整、牢固。管卡与管道接触紧密，但不得损伤管道表面。

④采用金属管卡或金属支、吊架时，不得损伤管壁，金属表面与管道之间应采用柔软材料进行隔离。

（4）压力试验

①水压试验之前，应检查系统固定、接口及末端封闭情况，支管不宜连通用水设备。

②试验压力为管道系统工作压力的 1.5 倍，但不小于 0.6MPa。

③水压试验步骤：

A. 向系统缓慢注水，同时将管道内空气排出。

B. 管道充满水后，进行外观检查，有无渗漏现象。

C. 对系统加压，加压应采用手压泵缓慢升压。

D. 升压至规定的试验压力后，停止加压，稳压 10min，压力降不应大于 0.02MPa，然后降至工作压力进行检查，无渗漏。

④直埋在地坪面层和墙体内的管道，可分支管或分楼层进行水压试验，试压合格后方

可进行下道工序。

⑤土建隐蔽管道时，要求系统应保持不小于0.4MPa的压力。

（5）冲洗消毒

生活饮用水管道试压合格后，在竣工验收前应进行冲洗、消毒。冲洗水应采用生活饮用水，流速不得小于1.5m/s。冲洗后将管道内的水放空，各配水点与配水件连接后，进行管道消毒，向管道系统内灌注消毒溶液，浸泡24h以上。消毒结束后，放空管道内的消毒液，再用生活饮用水冲洗管道，至各末端配水口出水水质经水质部门检验合格为止。

第二节　室内排水系统安装

室内排水系统的任务是满足污水排放标准的要求，把居住建筑、公共建筑和生产建筑内各用水点所产生的污水排入室外排水管网中去。按所排除污水的性质，室内排水系统可分为生活污水排水系统、工业污（废）水排水系统及雨、雪水排水系统。

一、室内排水系统的组成

室内排水系统一般由卫生器具、排水系统、通气系统、清通设备、抽升设备组成。

（一）排水系统

排水系统由器具排水管（连接卫生器具的横支管之间的一段短管，坐式大便器除外）、有一定坡度的横支管、立管、埋设在室内地下的总支管和排出到室外的排出管等组成。

（二）通气系统

通气管系统有以下3个作用：

①向排水管系统补给空气，使水流畅通，更重要的是减少排水管道内气压变化幅度，防止卫生器具水封被破坏。

②使室内外排水管道中散发的臭气和有害气体能排到大气中去。

③管道内经常有新鲜空气流通，可减轻管道内废气锈蚀管道的危害。

一般对层数不高、卫生器具不多的建筑物，仅将排水立管上端延伸出屋面即可，此段（自最高层立管检查口算起）称为通气管。

（三）清通设备

为了疏通排水管道，在排水系统内设检查口、清扫口和检查井。

检查口为一带螺栓盖板的短管，立管上检查口之间的距离不宜大于 10m，但在建筑物最低层和设在卫生器具的二层以上坡顶建筑物最高层必须设置检查口。平顶建筑可用通气管顶口代替检查口。当立管上有乙字管时，在该层乙字管的上部应设检查口。检查口的设置高度，从地面至检查口中心宜为 1. 0m，并应高于该层卫生器具上边缘 0. 15m。

检查井设在厂房内管道的转弯、变径和接支管处。生活污水管道不宜在建筑物内设检查井。当必须设置时，应采取密闭措施；排水管与室外排水管道连接处应设检查井。检查井中心至建筑物外墙的距离不宜小于 3. 0m。

（四）抽升设备

民用建筑中的地下室、人防建筑物、高层建筑的地下室、某些工业企业车间地下或半地下室、地下铁道等地下建筑物内的污（废）水不能自流排至室外时，必须设置污水抽升设备。

二、室内金属排水管道及附件安装

（一）工艺流程

管道预制—吊托架安装—干管安装—立管安装—支管安装—附件安装通球试验—灌水试验—管道防结露室内排水管道通水能力试验。

（二）安装工艺

1. 管道预制

管道预制前应先做好除锈和防腐。

①排水立管预制。根据建筑设计层高及各层地面做法厚度，按照设计要求确定排水立管检查口及排水支管甩口标高中心线，绘制加工预制草图，一般立管检查口中心距建筑地面 1. 1m，排水支管甩口应保证支管坡度，使支管最末端承口距离楼板不小于 100mm，使用合格的管材进行下料，预制好的管段应做好编号，码放在平坦的场地，管段下面用方木垫实，应尽量增加立管的预制管段长度。

②排水横支管预制。按照每个卫生器具的排水管中心到立管甩口以及到排水横支管的垂直距离绘制大样图，然后根据实量尺寸结合大样图排列、配管。

③预制管段的养护。捻好灰口的预制管段应用湿麻绳缠绕灰口浇水养护，保持湿润，常温下 24~48h 后才能运至现场安装。

2. 排水干管托、吊架安装

①排水干管在设备层安装，首先根据设计图纸的要求将每根排水干管管道中心线弹到

顶板上，然后安装托、吊架，吊架根部一般采用槽钢形式。

②排水管道支、吊架间距，横管不大于 2m，立管不大于 3m。楼层高度不大于 4m 时，立管可安装 1 个固定件。

③高层排水立管与干管连接处应加设托架，并在首层安装立管卡子；高层建筑立管托架可隔层设置落地托架。

④支、吊架应考虑受力情况，一般加设在三通、弯头或放在承口后，然后按照设计及施工规范要求的间距加设支、吊架。

3. **排水干管安装**

①将预制好的管段放到已经夯实的回填土上或管沟内，按照水流方向从排出位置向室内顺序排列，根据施工图纸的坐标、标高调整位置和坡度，加设临时支撑，并在承插口的位置挖好工作坑。

②在捻口之前，先将管段调直，各立管及首层卫生器具甩口找正，用麻钎把拧紧的青麻打进承口，一般为两圈半，将水灰比为 1：9 的水泥捻口灰装在灰盘内，自下而上边填边捣，直到将灰口打满、打实、有回弹的感觉为合格，灰口凹入承口边缘不大于 2mm。

③排水排出管安装时，先检查基础或外墙预埋防水套管尺寸、标高，将洞口清理干净，然后从墙边使用双 45°弯头或弯曲半径不小于 4 倍管径的 90°弯头，与室内排水管连接，再与室外排水管连接，伸出室外。

④排水排出管穿基础应预留好基础下沉量。

⑤管道铺设好后，按照首层地面标高将立管及卫生器具的连接短管接至规定高度，预留的甩口做好临时封闭。

4. **排水立管安装**

①安装立管前，应先在顶层立管预留洞口吊线，找准立管中心位置，在每层地面上或墙面上安装立管支架。

②将预制好的管段移至现场，安装立管时两人上下配合，一人在楼板上从预留洞中甩下绳头，下面一人用绳子将立管上部拴牢，然后两人配合将立管插入承口中，用支架将立管固定，然后进行接口的连接，对于高层建筑，铸铁排水立管接口形式有两种（材质均为机制铸铁管），即 W 形无承口连接和 A 形柔性接口，其他建筑一般采用水泥捻口承插连接。

A. W 形无承口管件连接时先将卡箍内橡胶圈取下，把卡箍套入下部管道，把橡胶圈的一半套在下部管道的上端，再将上部管道的末端套入橡胶圈，将卡箍套在橡胶圈的外面，使用专用工具拧紧卡箍即可。

B. A 形柔性接口连接，安装前必须将承口插口及法兰压盖上的附着物清理干净，在插口上画好安装线，一般承插口之间保留 5～10mm 的空隙，在插口上套入法兰压盖及橡胶圈，橡胶圈与安装线对齐，将插口插入承口内，保证橡胶圈插入承口深度相同，然后压紧法兰压盖，拧紧螺栓，使橡胶圈均匀受力。

C. 如果 A 形和 W 形接口与刚性接口（水泥捻口）连接时，把 A 形、W 形管的一端直接插入承口中，用水泥捻口的形式做成刚性接口。

③立管插入承口后，下面的人把立管检查口及支管甩口的方向找正，立管检查口的朝向应该便于维修操作，上面的人把立管临时固定在支架上，然后一边打麻一边吊直，最后捻灰并复查立管垂直度。

④立管安装完毕后，应用不低于楼板标号的细石混凝土将洞口堵实。

⑤高层建筑有辅助透气管时，应采用专用透气管件连接透气管。

⑥安装立管时，一定要注意将三通口的方向对准横托管方向，以免在安装横托管时由于三通口的偏斜而影响安装质量。三通口（采用 45°三通时，以按三通的 45°弯头口为准）的高度要由横管的长度和坡度来决定，和楼板的相隔距离一般宜大于或等于 250mm，但不得大于 300mm。

⑦立管与墙面应留有一定的操作距离，立管穿现浇楼板时，应预留孔洞。

5. 排水支管安装

①安装支管前，应先按照管道走向支吊架间距要求栽好吊架，并按照坡度要求量好吊杆尺寸，将预制好的管段套好吊环，把吊环与吊杆与螺栓连接牢固，将支管插入立管预留承口中，打麻、捻灰。

②在地面防水前应将卫生器具或排水配件的预留管安装到位，如果器具或配件的排水接口为丝扣接口，预留管可采用钢管。

6. 排水附件安装

（1）地漏安装

根据土建弹出的建筑高程线计算出地漏的安装高度，地漏箅子与周围装饰地面 5mm 不得抹死。地漏水封应不小于 50mm，地漏扣碗及地漏内壁和箅子应刷防锈漆。

（2）清扫口安装

①在连接 2 个以上大便器或 1 个以上卫生器具的排水横管上应设清扫口或地漏；排水管在楼板下悬吊敷设时，如将清扫口设在上一层的地面上，清扫口与墙面的垂直距离不小于 200mm；排水管起点安装堵头代替清扫口时，与墙面距离不小于 400mm。

②排水横管直线管段超长时应加设清扫口。

（3）检查口安装

立管检查口应每隔一层设置 1 个，但在最低层和有卫生器具的最高层必须设置，如为两层建筑时，可在底层设检查口；如有乙字管，则在乙字管上部设置检查口。暗装立管，在检查口处应安装检修门。

（4）透气帽安装

①经常有人逗留的屋面上，透气帽应高出净屋面 2m，并设置防雷装置；非上人屋面应高出屋面 300mm，但必须大于本地区最大积雪厚度。

②在透气帽周围 4m 内有门窗时，透气帽应高出门窗顶 600mm 或引向无门窗一侧。

7. 通球试验

①立、干管安装完后，必须做通球试验。

②根据立管直径选择可击碎小球，球径为管径的 2/3，从立管顶端投入小球，并用小线系住小球，在干管检查口或室外排水口处观察，发现小球为合格。

③干管通球试验要求。从干管起始端投入塑料小球，并向干管内通水，在户外的第一个检查井处观察，发现小球流出为合格。

8. 灌水试验

①试验时，先将排出管末端用气囊堵严，从管道最高点灌水，但灌水高度不能超过 8m，对试验管段进行外观检查，若无渗漏，则认为试验合格。灌水试验合格后，经建设单位有关人员验收，方可隐蔽或回填，回填土必须分层进行，每层 0. 15m，埋地管道、设备层的管道隐蔽前必须做灌水试验。灌水高度不低于卫生器具的上边缘或地面高度，满水 15min 水面下降后，再灌满观察 5min 液面不降，管道接口无渗漏为合格。楼层管道可打开排水立管上的检查口，选用球胆充气作为塞子堵住检查口上端试验管段，分层进行试验，不渗、不漏为合格。

②埋地排水干管安装完毕后，应做好沥青防腐。从结构上分为 3 种，即普通防腐层、加强防腐层和特加强防腐层。设计对埋地铸铁排水管道防腐无要求时，一般做到普通防腐层即可。

③暗装或铺设于垫层中及吊顶内的排水支管安装完毕后，在隐蔽之前应做灌水试验，高层建筑应分区、分段、分层试验，试验时，先打开立管检查口，测量好检查口至水平支管下皮的距离，在胶管上做好记号，将胶囊由检查口放入立管中，到达标记后向气囊中充气，当表压升到 0. 07MPa 时即可；然后向立管连接的第一个卫生器具内灌水，灌到器具边沿下 5mm 处，15min 后再灌满，观察 5min，液面不降为合格。

9. 管道防结露

管道安装、灌水试验完毕后，对于隐蔽在吊顶、管沟、管井内的排水管道，应根据设计要求对管道进行防冻和防结露保温。

防结露保温使用于管井、吊顶内、门厅上方及公共卫生间内的排水横干、支管道。

10. 室内排水管道通水能力试验

工程结束验收应做系统通水能力试验。室内排水系统，按给水系统的配水点开放，检查各排水点是否畅通，接口处有无渗漏。若畅通且不渗漏则为合格。

三、室内非金属排水管道及附件安装

（一）工艺流程

安装准备—预制加工—干管安装—立管安装—支管安装—附件安装—支架安装—通球试验—灌水试验—管道防结露。

（二）安装工艺

1. 安装准备

①认真熟悉图纸，配合土建施工进度，做好预留预埋工作。

②按设计图纸画出管路及管件的位置、管径、变径、预留洞、坡度、卡架位置等施工草图。

2. 预制加工

①根据图纸要求并结合实际情况，测量尺寸，绘制加工草图。

②根据实测小样图和结合各连接管件的尺寸量好管道长度，采用细齿锯、砂轮机进行配管和断管。断口要平齐，用铣刀或刮刀除掉断口内外飞刺，外棱铣出15~30°角，完成后应将残屑清除干净。

③支管及管件较多的部位应先进行预制加工，码放整齐，注意成品保护。

3. 干管安装

①非金属排水管一般采用承插黏结连接方式。

②承插黏结方法。将配好的管材与配件按表7-1规定的试插，使承口插入的深度符合要求，不得过紧或过松，同时还要测定管端插入承口的深度，并在其表面画出标记，使管端插入承口的深度符合表7-1的规定。

表7-1　管材插入的深度

公称外径（mm）	承口深度（mm）	插入深度（mm）
50	25	19
75	40	30
110	50	38
160	60	45

试插合格后，用干布将承插口须黏结部位的水分、灰尘全部擦拭干净。如有油污，须用丙酮除掉。用毛刷涂抹胶黏剂，先涂抹承口后涂抹插口，随即用力垂直插入，插入黏结

时将插口转动 90℃，以利胶黏剂分布均匀，约 30s 至 1min 即可黏结牢固。黏牢后立即将挤出的胶黏剂擦拭干净。多口黏结时应注意预留口方向。

③埋入地下时，按设计坐标、高程、坡向、坡度开挖槽沟并夯实。

④采用托、吊管安装时，应按设计坐标、标高、坡向做好托、吊架。

⑤施工条件具备时，将预制加工好的管段按编号运至安装部位进行安装。

⑥用于室内排水的水平管道与水平管道、水平管道与立管的连接，应采用 45°三通或 45°四通和 90°斜三通或 90°斜四通。立管与排出管端部的连接，应采用 2 个 45°弯头或曲率半径不小于 4 倍管径的 90°弯头。

⑦通向室外的排水管，穿过墙壁或基础应采用 45°三通和 45°弯头连接，并应在垂直管段的顶部设置清扫口。

⑧埋地管穿越地下室外墙时，应采用防水套管。

4. **立管安装**

①首先按设计坐标、高程要求校核预留孔洞，洞口尺寸可比管材外径大 50～100mm，不可损伤受力钢筋。安装前清理场地，根据需要支搭操作平台。

②首先清理已预留的伸缩节，将锁母拧下，取出橡胶圈，清理杂物。立管插入时，应先计算插入长度做好标记，然后涂上肥皂液，套上锁母及橡胶圈，将管端插入标记处，并锁紧锁母。

③安装时，先将立管上端伸入上一层洞口内，垂直用力插入至标记为止。合适后用 U 形抱卡紧固，找正、找直，三通口中心符合要求，有防水要求的须安装止水环，保证止水环在孔洞中位置，止水环可用成品或自制，即可堵洞，临时封堵各个管口。

④排水立管的管中心线距墙面为 100～120mm，立管距灶边净距不得小于 400mm，与供暖管道的净距不得小于 200mm，且不得因热辐射使管外壁温度高于 40℃。

⑤管道穿越楼板处为非固定支撑点时，应加装金属或塑料套管，套管内径可比穿越管外径大 2 号，套管高出地面不得小于 50mm（厕厨间），居室 20mm。

⑥排水塑料管与铸铁管连接时，宜采用专用配件。当采用水泥捻口连接时，应先将塑料管插入承口部分的外侧，用砂纸打毛或涂刷胶黏剂滚黏干燥的粗黄砂；插入后应用油麻丝填嵌均匀，用水泥捻口。

⑦地下埋设管道及出屋顶透气立管如不采用 UPVC 排水管件而采用下水铸铁管件时，可采用水泥捻口。为防止渗漏，塑料管插接处用粗砂纸将塑料管横向打磨粗糙。

5. **支管安装**

①按设计坐标、高程要求，校核预留孔洞，孔洞的修整尺寸应大于管径的 40～50mm。

②清理场地，按需要支搭操作平台。将预制好的支管按编号运至现场。清除各黏结部

位及管道内的污物和水分。

③将支管水平初步吊起，涂抹胶黏剂，用力推入预留管口。

④连接卫生器具的短管一般伸出净地面 10mm，地漏甩口低于净地面 5mm。

⑤根据管段长度调整好坡度，合适后固定卡架，封闭各预留管口和堵洞。

6. 附件安装

（1）干管清扫口和检查口设置。

①在连接 2 个以上大便器或 3 个以上卫生器具的污水横管上应设置清扫装置。当污水管在楼板下悬吊敷设时，如清扫口设在上一层楼地面上，经常有人活动场所应使用铜制清扫口，污水管起点的清扫口与管道相垂直的墙面距离不得小于 200mm；若污水管起点设置堵头代替清扫口时，与墙面距离不得小于 400mm。

②在转角小于 135°的污水横管上应设置地漏或清扫口。

③污水横管的直线管段，应按设计要求的距离设置检查口或清扫口。

④横管的直线管段上设置检查口（清扫口）之间的最大距离不宜大于规定。

⑤设置在吊顶内的横管，在其检查口或清扫口位置应设检修门。

⑥安装在地面上的清扫口顶面必须与净地面相平。

（2）伸缩节设置

①管端插入伸缩节处预留的间隙应为：夏季，5~10mm；冬季，15~20mm。

②如立管连接件本身具有伸缩功能，可不再设伸缩节。

③排水支管在楼板下方接入时，伸缩节应设置于水流汇合管件之下；排水支管在楼板上方接入时，伸缩节应设置于水流汇合管件之上；立管上无排水支管时，伸缩节可设置于任何部位；污水横支管超过 2m 时，应设置伸缩节，但伸缩节最大间距不得超过 4m，横管上设置伸缩节应设于水流汇合管件的上游端。

④当层高小于或等于 4m 时，污水管和通气立管应每层设一伸缩节，当层高大于 4m 时，应根据管道设计伸缩量和伸缩节最大允许伸缩量确定。伸缩节设置应靠近水流汇合管件（如三通、四通）附近。同时，伸缩节承口端（有橡胶圈的一端）应逆水流方向，朝向管路的上流侧（伸缩节承口端内压橡胶圈的压圈外侧应涂黏结剂，并与伸缩节黏结）。

⑤立管在穿越楼层处固定时，在伸缩节处不得固定；在伸缩节固定时，立管穿越楼层处不得固定。

（3）高层建筑明敷管道阻火圈或防火套管的安装

①立管管径大于或等于 110mm 时，在楼板贯穿部位应设置阻火圈或长度不小于 500mm 的防火套管。

②管径大于或等于 110mm 的横支管与暗设立管相连时，墙体贯穿部位应设置阻火圈

或长度不小于 300mm 的防火套管，且防火套管的明露部分长度不宜小于 200mm。

③横干管穿越防火分区隔墙时，管道穿越墙体的两侧应设置阻火圈或长度不小于 500mm 的防火套管。

7. **支架安装**

①立管穿越楼板处可按固定支座设计；管道井内的立管固定支座应支承在每层楼板处或井内设置的刚性平台和综合支架上。

②层高小于或等于 4m 时，立管每层可设一个滑动支座；层高大于或等于 4m 时，滑动支座间距不宜大于 2m。

③横管上设置伸缩节时，每个伸缩节应按要求设置固定支座。

④横管穿越承重墙处可按固定支架设计。

⑤固定支座的支架应用型钢制作，并锚固在墙或柱上；悬吊在楼板、梁或屋架下的横管的固定支座的吊架应用型钢制作，并锚固在承重结构上。

⑥悬吊在地下室的架空排出管，在立管底部肘管处应设置托吊架，防止管内落水时的冲击影响。

8. **通球试验**

①洁具安装后，排水系统管道的立管、主干管应进行通球试验。

②立管通球试验应由屋顶透气口处投入不小于管径 2/3 的试验球，应在室外第一个检查井内临时设网截取试验球，用水冲动试验球至室外第一个检查井，取出试验球为合格。

③干管通球试验要求。从干管起始端投入塑料小球，并向干管内通水，在户外的第一个检查井处观察，发现小球流出为合格。

9. **灌水试验**

①排水管道安装完成后，应按施工规范要求进行闭水试验。暗装的干管、立管、支管必须进行闭水试验。

②闭水试验应分层分段进行。试验标准，将排出管外端及底层地面各承接口堵严，然后以一层楼高为标准往管内灌水，满水至地面高度，满水 15min，再延续 5min，液面不下降，检查全部满水管段管件、接口无渗漏为合格。

10. **管道防结露**

根据设计要求做好排水管道吊顶内横支管防结露保温。

第八章　通风空调工程施工安装技术

第一节　风管道及部、配件的制作安装

通风和空调系统的施工安装过程，基本可分为制作和安装两大步骤。

制作是指构成整个系统的风管及部、配件的制作过程，也就是从原材料到成品、半成品的成形过程。

安装是把组成系统的所有构件，包括风管，部、配件，设备和器具等，按设计要求在建筑物中组合连接成系统的过程。

制作和安装可以在施工现场联合进行，全部由现场的工人小组来承担。这种形式适用于机械化程度不高的地区及规模较小的工程中，多半是手工操作和使用一些小型轻便的施工机械。在工程规模大、安装要求高的情况下，采用制作和安装分工进行的方式。加工件在专门的加工厂或预制厂集中制作后运到施工地点，然后由现场的安装队来完成安装任务。这种组织形式要求安装企业有严密的技术管理组织和机械化程度比较高的后方基地，如加工厂、预制厂等。有时为了减少加工件、成品和半成品的运输量，避免运到施工现场后在装卸和大批堆放过程中造成的变形、损坏，也可根据条件和需要在施工区域内设临时加工场。

一、风管道制作安装

通风空调系统的风管，按风管的材质可分为金属风管和非金属风管。金属风管包括钢板风管（普通薄钢板风管、镀锌薄钢板风管）、不锈钢板风管、铝板风管、塑料复合钢板风管等。非金属风管包括硬聚氯乙烯板风管、玻璃钢风管、炉渣石膏板风管等。此外，还有由土建部门施工的砖、混凝土风道等。

（一）制作工艺流程

风管和配件广泛的制作方法是由平整的板材和型材加工而成的。从平板到成品的加

工，由于材质的不同、形状的异样而有各种要求。但从工艺过程来看，其基本工序可分为画线、下料、剪切、成形-折方和卷圆、连接-咬口和焊接、打孔、安装法兰、翻边、成品喷漆、检验出厂等步骤。

（二）安装工艺流程

准备工作—确定标高—支托吊架的安装—风管连接—风管加固—风管强度、严密性及允许漏风量—风管保温。

（三）安装要求

1. 准备工作

应核实风管及送回风口等部件预埋件、预留孔的工作。安装前，由技术人员向班组人员进行技术交底，内容包括有关技术、标准和措施及相关的注意事项。

2. 标高的确定

认真检查风管在高程上有无交错重叠现象，土建在施工中有无变更，风管安装有无困难等；同时，对现场的高程进行实测，并绘制安装简图。

3. 支、托吊架的安装

风管一般是沿墙、楼板或靠柱子敷设的，支架的形式应根据风管安装的部位、风管截面大小及工程具体情况选择，并应符合设计图纸或国家标准图的要求。常用风管支架的形式有托架、吊架及立管夹。通风管道沿墙壁或柱子敷设时，经常采用托架来支撑风管。在砖墙上敷设时，应先按风管安装部位的轴线和标高，检查预留孔洞是否合适。如不合适，可补修或补打孔洞。孔洞合适后，按照风管系统所在的空间位置确定风管支、托架形式。

支、托吊架制作完毕后，应进行除锈，刷一遍防锈漆。风管的吊点应根据吊架的形式设置，有预埋件法、膨胀螺栓法、射钉枪法等。

（1）预埋件法

分前期预埋与后期预埋。

①前期预埋。一般将预埋件按图纸坐标位置和支、托吊架间距，在土建绑扎钢筋时牢固固定在墙、梁柱的结构钢筋上，然后浇灌混凝土。

②后期预埋。在砖墙上埋设支架，在楼板下埋设吊件，确定吊架位置，然后用冲击钻在楼板上钻一个孔洞，再在地面上凿一个300mm长、20mm深的槽，将吊件嵌入槽中，用水泥砂浆将槽填平。

（2）膨胀螺栓法

在楼板上用电锤打一个同膨胀螺栓的胀管外径一致的洞，将膨胀螺栓塞进孔中，并把胀管打入，使螺栓紧固。其特点是施工灵活、准确、快速，但选择膨胀螺栓时要考虑风管的规格、重量。

（3）射钉枪法

用于周边小于800mm的风管支管的安装，其特点同膨胀螺栓，使用时应特别注意安全，不同材质的墙体要选用不同的弹药量。

（4）安装吊架

当风管敷设在楼板或桁架下面离墙较远时，一般采用吊架来安装风管。矩形风管的吊架由吊杆和横担组成。圆形风管的吊架由吊杆和抱箍组成。矩形风管的横担一般用角钢制成，风管较重时，也可用槽钢。横担上穿吊杆的螺栓孔距应比风管稍宽40~50mm。圆形风管的抱箍可按风管直径用扁钢制成。为便于安装，抱箍常做成两半。吊杆在不损坏原结构受力分布情况下，可采用电焊或螺栓固定在楼板、钢筋混凝土梁或钢架上，安装要求如下。

①按风管的中心线找出吊杆敷设位置，单吊杆在风管的中心线上，双吊杆可以按横担的螺孔间距或风管的中心线对称安装。

②吊杆根据其吊件形式可以焊在吊件上，也可以挂在吊件上。焊接后应涂防锈漆。

③立管管卡安装时，应从立管最高点管卡开始，并用线锤吊线，确定下面的管卡位置和进行安装固定。垂直风管可用立管夹进行固定。安装主管卡子时，应先在卡子半圆弧的中点画好线，然后按风管位置和埋进的深度，把最上面的一个卡子固定好，再用线锤在中点处吊钱，下面夹子可按线进行固定，保证安装的风管比较垂直。

④当风管较长时，需要安装很多支架时，可先把两端的支架安装好，然后以两端的支架为基准，用拉线法确定中间各支架的高程进行安装。

⑤支、吊架安装应注意的问题如下：

A. 采用吊架的风管，当管路较长时，应在适当的位置增设防止管道摆动的支架。

B. 支、吊架的高程必须正确，如圆形风管管径由大变小，为保证风管中心线的水平。

C. 支架型钢上表面高程应做相应提高。对于有坡度要求的风管，支架的高程也应按风管的坡度要求安装。

D. 风管支、吊架间距如无设计要求时，对于不保温风管应符合表8-1的要求。保温支、吊架间距无设计要求的，按表8-1间距要求值乘以0.85。

表 8-1　不保温风管支、吊架间距

风管直径或矩形风管长边尺寸（mm）	水平风管间距（m）	垂直风管间距（m）	最少吊架数（副）
≤400	≤4	≤4	2
≤1 000	≤3	≤3.5	2
>1 000	≤2	≤2	2

E. 支、吊架的预埋件或膨胀螺栓埋入部分不得油漆，并应除去油污。

F. 支、吊架不得安装在风口、阀门、检查孔处，以免妨碍操作。吊架不得直接吊在法兰上。

G. 圆形风管与支架接触的地方垫木块，否则会使风管变形。保温风管的垫块厚度应与保温层的厚度相同。

H. 矩形保温风管的支、吊装置宜放在保温层外部，但不得损坏保温层。

I. 矩形保温风管不能直接与支、吊托架接触，应垫上坚固的隔热材料，其厚度与保温层相同，防止产生“冷桥”。

J. 标高：矩形风管从管底算起；圆形风管从风管中心计算。当圆形风管的管径由大变小时，为保证风管中心线水平，托架的高程应按变径的尺寸相应提高。

K. 坡度：输送的空气湿度较大时，风管应保持设计要求的 1%～15%的坡度，支架高程也应按风管的坡度安装。

L. 对于相同管径的支架，应等距离排列，但不能将其设在风口、风阀、检视门及测定孔等部位处，应适当错开一定距离。

M. 保温风管不能直接与支架接触，应垫上坚固的隔热材料，其厚度与保温层相同。

N. 用于不锈钢、铝板风管的托、吊架的抱箍，应按设计要求做好防腐绝缘处理。

4. 风管连接

（1）风管系统分类

风管系统按其系统的工作压力（总风管静压）范围划分为 3 个类别：低压系统、中压系统及高压系统。风管系统分类及使用范围见表 8-2。

表 8-2　风管系统分类及使用范围

系统工作压力 p（MPa）	系统类别	使用范围
$p < 500$	低压系统	一般空调及排气等系统
$500 < p \geqslant 1\,500$	中压系统	100 级以下空气净化、排烟、除尘等系统
$p > 1\,500$	高压系统	1 000 级以上空气净化、气力输送、生物工程等系统

（2）风管法兰连接

①法兰连接时，按设计要求确定垫料后，把 2 个法兰先对正，穿上几个螺栓并戴上螺

母，暂时不要紧固。待所有螺栓都穿上后，再把螺栓拧紧。

②为避免螺栓滑扣，紧固螺栓时应按十字交叉、对称均匀地拧紧。连接好的风管，应以两端法兰为准，拉线检查风管连接是否平直。

③不锈钢风管法兰连接的螺栓，宜用同材质的不锈钢制成，如用普通碳素钢标准件，应按设计要求喷刷涂料。

④铝板风管法兰连接应采用镀锌螺栓，并在法兰两侧垫镀锌垫圈。

⑤硬聚氯乙烯风管和法兰连接，应采用镀锌螺栓或增强尼龙螺栓，螺栓与法兰接触处应加镀锌垫圈。

⑥矩形风管组合法兰连接由法兰组件和连接扁角钢组成。法兰组件采用 δ 为 0.75~1.2mm 的镀锌钢板，长度 L 可根据风管边长而定。

连接扁角钢采用厚度 δ 为 2.8~4.0mm 的钢板冲压而成。

组装时，将 4 个扁角钢分别插入法兰组件的两端，组成一个方形法兰，再将风管从组件的开口边处插入，并用铆钉铆住，即组成管段。

安装时，风管管段之间的法兰对接，四角用 4 个 M12 螺栓紧固，法兰间贴一层闭孔海绵橡胶做垫料，厚度为 3~5mm，宽度为 20mm。

（3）风管无法兰连接

其连接形式有承插连接、芯管连接及抱箍连接。

①抱箍式无法兰连接。安装时，按气流方向把小口插入大口，外面用钢板抱箍，将 2 个管端的鼓箍拖紧连接，用螺栓穿在耳环中固定拧紧。钢板抱箍应先根据连接管的直径加工成一个整体圆环，轧制好鼓筋后再割成两半，最后焊上耳环。

②插接式无法兰连接。主要加工中间联结短管，短管两端分别插入两侧管端，再用自攻螺栓或拉拔铆钉将其紧密固定。还有一种是把内接管加工有凹槽，内嵌胶垫圈，风管插入时与内壁挤紧。为保证管件连接严密，可在接口处用密封胶带封上，或涂以密封胶进行封闭。

（4）矩形风管无法兰连接

其连接形式有插条连接、立咬口连接及薄钢材法兰弹簧夹连接。插条连接形状，适用于矩形风管之间的连接。

插条连接法须注意下列几个问题：

①插条宽窄要一致，应采用机具加工。

②插条连接适用于风管内风速为 10m/s，风压为 500Pa 以内的低速系统。

③接缝处极不严密的地方，应使用密封胶带粘贴。

④插条连接法使用在不常拆卸的风管系统中较好。

（5）圆风管软管连接

主要用于风管与部件（如散流器、静压箱、侧送风口等）的连接。

这种软管是用螺旋状玻璃丝束做骨架，外侧合以铝箔。有的软接管用铝箔、石棉布和防火塑料缝制而成。管件柔软弯曲自如，规格有 φ125～800mm。大多用于风管与部件（如散流器、静压箱侧送风口等）的相接，安装时，软管两端套在连接的管外，然后用特制的尼龙软卡把软管箍紧在管端。

5. 风管加固

圆形风管本身刚度较好，一般不需要加固。当管径大于700mm，且管段较长时，每隔1.2m，可用扁钢加固。矩形风管当边长大于或等于630mm，管段大于1.2m时，均应采取加固措施。对边长小于或等于800mm的风管，宜采用相应的方法加固。当中、高压风管的管段长大于1.2m时，应采用加固框的形式加固，而对高压风管的单咬口缝应有加固、补强措施。

6. 风管强度、严密性及允许漏风量

风管的强度及严密性应符合设计规定。若设计无规定时，应符合表8-3的规定。

表8-3 风管的强度及严密性要求

系统类别	强度要求	密封要求
低压系统	一般	咬口缝及连接处无洞及缝隙
中压系统	局部增强	连接面及四角咬缝处增加密封措施
高压系统	特殊加固不得用按扣式咬缝	所有咬缝连接面及固定件四周采取密封措施

不同系统风管单位面积允许漏风量应符合表8-4的规定。

表8-4 不同系统风管单位面积允许漏风量

系统类别	工作压力（Pa）												
	100	200	300	400	500	600	800	1000	1200	1500	1800	2000	2500
低压系统	2.11	3.31	4.30	5.19	6.00	—	—	—	—	—	—	—	—
中压系统	—	—	—	—	2.00	2.25	2.71	3.14	3.53	4.08	—	—	
高压系统	—	—	—	—	—	—	—	—	—	1.36	1.53	1.64	1.90

二、风管部配件安装

在通风空调系统中，还有许多风管部、配件的安装及部、配件与风管的安装，大多采用法兰，其连接要求和所用垫料与风管接口相同。以下介绍常用部、配件工艺流程和安装工艺。

（一）工艺流程

风阀安装—防火阀安装—斜插板阀安装—风口安装—风帽安装吸尘罩与排气罩安装—柔性短管安装。

（二）安装工艺

1. 风阀安装

通风与空调工程常用的阀门有插板阀（包括平插阀、斜插阀和密闭阀等）、蝶阀、多叶调节阀（平行式、对开式）、离心式通风机圆形瓣式启动阀、空气处理室中旁通阀、防火阀和止回阀等。

阀门产品或加工制作均应符合国家标准。阀门安装时应注意，制动装置动作应灵活，安装前如因运输、保管产生损伤要修复。

（1）蝶阀

蝶阀是空调通风系统中常见的阀门，分为圆形、方形和矩形，按其调节方式有手柄式和拉链式。蝶阀由短、管、阀门和调节装置组成。

（2）对开多叶调节阀

对开式多叶调节阀分手动式和电动式，这种调节阀装有 2~8 个叶片，每个叶片长轴端部装有摇柄，连接各摇柄的连动杆与调节手柄相连。操作手柄，各叶片就能同步开或合。调整完毕，拧紧蝶形螺母，就可以固定位置。

这种调节阀结构简单、轻便灵活、造型美观。但矩形阀体刚性较差，在搬运、安装时容易变形，造成调节失灵，甚至阀片脱落。如果将调节手柄取消，把连动杆用连杆与电动执行机构相连，就是电动式多叶调节阀，从而可以进行遥控和自动调节。

（3）三通调节阀

三通调节阀有手柄式和拉杆式。其适用于矩形直通三通和斜通管，不适用于直角三通。

在矩形斜三通的分叉点装有可以转动的阀板，转轴的端部连接调节手柄，手柄转动，阀板也随之转动，从而调节支管空气的流量。调整完毕后拧紧蝶形螺母固定。

2. 防火阀的安装

风管常用的防火阀分为重力式、弹簧式和百叶式。防火阀安装注意事项如下。

①防火阀安装时，阀门四周要留有一定的建筑空间以便检修和更换零、部件。

②防火阀温度熔断器一定要安装在迎风面一侧。

③安装阀门（风口）之前应先检查阀门外形及操作机构是否完好，检查动作的灵活

性，然后再进行安装。

④防火阀与防火墙（或楼板）之间的风管壁厚应采用$\delta > 2$mm 的钢板制作，在风管外面用耐火的保温材料隔热。

⑤防火阀宜有单独的支、吊架，以避免风管在高温下变形，影响阀门功能。

⑥阀门在建筑吊顶上或在风道中安装时，应在吊顶板上或风管壁上设检修孔，一般孔尺寸不小于450×450mm，在条件约束时，吊顶检修孔也可减小至300×300mm。

⑦阀门在安装以后的使用过程中，应定期进行关闭动作试验，一般每半年或一年进行一次检验，并应有检验记录。

⑧防火阀中的易熔件必须是经过有关部门批准的正规产品，不允许随便代用。

⑨防火阀门有水平安装和垂直安装及左式和右式之分，在安装时务必注意，不能装反。

⑩安装阀门时，应注意阀门调节装置要装置在便于操作的部位；安装在高处的阀门也要使其操作装置处于离地面或平台1~1.5m处。

⑪阀门在安装完毕后，应在阀体外部明显地标出开和关的方向及开启程度。对保温的风管系统，应在保温层外设法做标志，以便调试和管理。

3. 斜插板阀的安装

斜插板阀一般用于除尘系统，安装时应考虑不致集尘，因此对水平管上安装的斜插板阀应顺气流安装。在垂直管（气流向上）安装时，斜插板阀就应逆气流安装，阀板应向上拉启，而且阀板应顺气流方向插入。防火阀安装后应做动作试验，手动、电动操作应灵敏可靠，阀板关闭应可靠。

4. 风口安装

风口与风管的连接应严密、牢固；边框与建筑面贴实，外表面应平整、不变形；同一厅室、房间内的相同风口的安装高度应一致，排列整齐。带阀门的风口在安装前后都应扳动一下调节手柄或杆，保证调节灵活。变风量末端装置的安装，应设独立的支、吊架，与风管相接前应做动作试验。

净化系统风口安装应清扫干净，其边框与建筑顶板间或墙面间的接缝应加密封垫料或填密封胶，不得漏风。

5. 风帽安装

风帽可在室外沿墙绕过檐口伸出屋面，或在室内直接穿过屋面板伸出屋顶。对于穿过屋面板的风管，面板孔洞处应做防雨罩，防雨罩与接口应紧密，防止漏水。

不连接风管的筒形风帽，可用法兰固定在屋面板预留洞口的底座上。当排送温度较高的空气时，为避免产生的凝结水漏入室内，应在底座下设有滴水盘，并有排水装置，其排水管迎接到指定位置或有排水装置的地方。

6. 吸尘罩与排气罩安装

吸尘罩、排气罩主要作用是排除工艺过程或设备中的含尘气体、余热、余温、毒气、油烟等。各类吸尘罩、排气罩的安装位置应正确，牢固可靠，支架不得设置在影响操作的部位。用于排出蒸汽或其他气体的伞形排气罩，应在罩口内采取排除凝结液体的措施。

7. 柔性短管安装

柔性短管安装用于风机与空调器、风机与送回风管间的连接，以减少系统的机械振动。柔性短管的安装应松紧适当，不能扭曲。安装在风机吸入口的柔性短管可安装的绷紧一些，以免风机起动后，由于管内负压造成缩小截面的现象。柔性短管外不宜做保温层，并不能以柔性短管当成找平找正的连接管或异径管。

第二节　通风空调系统设备安装

通风空调设备的安装工作量较大。在通风空调系统中，各种设备的种类及数量较多，应严格按施工图和设备安装说明书的要求进行安装，以保证设备的正常工作和满足对空气的处理要求。

常见的通风空调设备有空气过滤器安装、换热器安装、喷淋室安装、消声器安装、通风机安装、除尘器安装、空调末端设备安装等。下面介绍通风空调系统设备的安装内容和安装要求。

一、安装内容

空气过滤器安装—换热器安装—分水箱、集水器安装—喷淋室安装—消声器安装—通风机安装—除尘器安装—风机盘管和诱导器安装—空调机组安装。

二、安装要求

（一）空气过滤器安装

1. 网状过滤器安装

①按设计图纸要求，制作角钢外框、底架和油槽，安装固定。

②在安装框和角钢外框之间垫 3mm 厚的石棉橡胶板或毛毡衬垫。

③将角钢外框和油槽固定在通风室预留洞内预埋的木砖上，角钢外框与木砖连接处应严密。

④安装过滤器前，应将过滤器上的铁锈及杂物清除干净。可先用 70%的热碱水清洗，经清水冲洗晾干，再浸以 12 号或 20 号机油。

⑤角钢外框安装牢固后，将过滤器装在安装框内，并用压紧螺栓将压板压紧。在风管内安装网格干式过滤器，为便于取出清扫，可做成抽屉式的。

2. 铺垫式过滤器的安装

因滤料需经常清洗，为了拆装方便，采用铺垫式横向踏步式过滤器。先用角钢做成框架，框架内呈踏步式。斜板用镀锌铁丝制成斜形网格，在其上铺垫 20~30mm 厚的粗中孔泡沫塑料垫，与气流成 30°，要清洗或更换时就可从架子上取下。这种过滤器使用和维修方便，一般在棉纺厂的空气处理室中用于初效过滤。

凡用泡沫塑料做滤料的，在装入过滤器前，都应用 5%浓度的碱溶液进行透孔处理。

3. 金属网格浸油过滤器安装

金属网格浸油过滤器用于一般通风空调系统。安装前应用热碱水将过滤器表面黏附物清洗干净，晾干后再浸以 12 号或 20 号机油。安装时，应将空调器内外清扫干净，并注意过滤器的方向，将大孔径金属网格朝迎风面，以提高过滤效率。金属网格过滤器出厂时一般都涂以机油防锈，但在运输和存放后，就会黏附上灰尘，故在安装时应先用 70%~80%的热碱水清洗油污，晾干后再浸以 12 号或 20 号机油。相互邻接波状网的波纹应互相垂直，网孔尺寸应沿气流方向逐次减少。

4. 自动浸油过滤器

自动浸油过滤器用于一般通风空调系统。安装时，应清除过滤器表面黏附物，并注意装配的转动方向，使传动机构灵活。自动浸油过滤器由过滤层、油槽及传动机构组成。过滤层有多种形式，有用金属丝织成的网板，有用一系列互相搭接成链条式的网片板等。自动浸油过滤器安装时应注意以下几点。

①安装前，应与土建方配合好，按设计要求预留孔洞，并预埋角钢框。

②将过滤器油槽擦净，并检查轴的旋转情况。

③将金属网放在煤油中刷洗，擦干后卷起，再挂在轴上，同时纳入导槽，绕过上轴、下轴的内外侧后，用对接的销钉将滤网的两端接成连续网带。检查滤网边在导槽里的，合适后，再用拉紧螺栓将滤网拉紧。

④开动电动机，先检查滤网转动方向，进气面的滤网应自上向下移动，再在油槽内装

满机油，转动 1h，使滤网沾油；然后停车 0.5h，使余油流回油槽，并将油加到规定的油位。

⑤将过滤器用螺栓固定在预埋的角钢框一连接处加衬垫，使连接严密，无漏风之处。

⑥两台或三台并排安装时，应用扁钢和螺栓连接。过滤器之间应加衬垫。其传动轴的中心组成一条直线。

5. 卷绕式过滤器安装

卷绕式过滤器一般为定型产品，整体安装，大型的可以在现场组装。安装时，应注意上下卷筒平行，框架平整，滤料松紧适当，辊轴及传动机构灵活。

6. 中效过滤器安装

中效过滤按滤料可分为玻璃纤维、棉短绒纤维滤纸及无纺布型等。中效过滤器安装时，应考虑便于拆卸和更换滤料，并使过滤器与框架和框架与空调器之间保持严密。

袋式过滤器是一种常用的中效过滤器。它采用不同孔隙率的无纺布做滤料，把滤料加工成扁平袋形状，袋口固定在角钢框架上，然后用螺栓固定在空气处理室的型钢框上，中间加法兰垫片。其由多个扁布袋平行排列，袋身用钢丝架撑起或将袋底用挂钩吊住。安装时要注意袋口方向应符合设计要求。

7. 高效过滤器的安装

高效过滤器是空气洁净系统的关键设备，其滤料采用超细玻璃纤维纸和超细石棉纤维纸。高效过滤器在出厂前都经过严格的检验。过滤器的滤纸非常精细，易损坏，因此系统未装之前不得开箱。高效过滤器必须在洁净室完成；空调系统施工安装完毕，并在空调系统进行全面清扫和系统连续试车 12h 以后，再现场拆开包装进行安装。

高效过滤器在安装前应认真进行外观检查和仪器检漏。外观检查主要检查滤纸和框架有无损坏，损坏的应及时修补。仪器检漏主要是密封效果检查。密封效果与密封垫材料的种类、表面状况、断面大小、拼接方式、安装的好坏、框架端面加工精度和光洁度等都有密切关系。采用机械密封时须采用密封垫料，其厚度为 6~8mm，定位贴在过滤器边框上，安装后垫料的压缩率均匀，压缩率为 25%~50%，以确保安装后过滤器四周及接口严密不漏。高效过滤器密封垫的漏风是造成过滤总效率下降的主要原因之一。

密封垫的接头用榫接式较好，既严密又省料。安装过滤器时，应注意保证密封垫受压后，最小处仍有足够的厚度。为保证高效过滤器的过滤效率和洁净系统的洁净效果，高效过滤器的安装必须遵守《洁净室施工及验收规范》（GB 50591—2010）或设计图纸的要求。

（二）空气热交换器安装

1. 换热器安装工艺

空调机组中常用的空气热交换器主要是表冷器和蒸汽或热水加热器。安装前，空气热交换器的散热面应保持清洁、完整。热交换器安装时如缺少合格证明，应进行水压试验。试验压力等于系统最高压力的 1.5 倍，且不少于 0.4MPa，水压试验的观测时间为 2～3min，压力不得下降。

热交换器的底座为混凝土或砖砌时，由土建单位施工，安装前应检查其尺寸及预埋件位置是否正确。底座如果是角钢架，则在现场焊制。热交换器按排列要求在底座上用螺栓连接固定，与周围结构的缝隙及热交换器之间的缝隙，都应用耐热材料堵严。

连接管路时，要熟悉设备安装图，要弄清进出水管的位置。在热水或蒸汽管路上及回水管路上均应安装截止阀，蒸汽系统的凝结水出口处还应装疏水器，当数台合用时，最好每台都能单独控制其进汽及回水装置。表冷器的底部应安装滴水盘和泄水管；当冷却器叠放时，在 2 个冷却器之间应装设中间水盘和泄水管，泄水管应设水封，以防吸入空气。在连接管路上都应有便于检查拆卸的接口。当作为表面冷却器使用时，其下部应设排水装置。热水加热器的供回水管路上应安装调节阀和温度计，加热器上还应安设放气阀。

2. 换热器的安装质量

换热器安装质量的标准和要求如下。

①换热器就位前的混凝土支座强度、坐标、标高尺寸和预埋地脚螺栓的规格尺寸必须符合设计要求和施工规范的规定。

②换热器支架与支座连接应牢固，支架与支座和换热器接触应紧密。

③换热器安装允许的偏差为：坐标 15mm，标高±5mm，垂直度（每 m）1mm。

（三）分水箱、集水器安装

1. 安装工艺

分水器和集水器属于压力容器，其加工制作和运行应符合压力容器安全监察规程。一般安装单位不可自行制作，加工单位在供货时应提供生产压力容器的资质证明、产品的质量证明书和测试报告。

分水器和集水器均为卧式，形状大致相同，但对于工作压力不同，对形状也有不同的要求。当公称压力为 0.07MPa 以下时，可采用无折边球形封头；当公称压力为 0.25～

4. 0MPa 时，应采用椭圆形封头。

分水器、集水器的接管位置应尽量安排在上下方向，其连接管的规格、间距和排列关系，应依据设计要求和现场实际情况在加工订货时做出具体的技术交底。注意考虑各支管的保温和支管上附件的安装位置，一般按管间保温后净距≥100mm 确定。

分水器、集水器一般安装在钢支架上。支架形式由安装位置决定。支架形式有落地式和挂墙悬臂式。

2. 安装标准

①分、集水器安装前的水压试验结果必须符合设计要求和施工规范的规定。

②分、集水器的支架结构符合设计要求。安装平整、牢固，支架与分、集水器接触紧密。

③分、集水器及其支架的油漆种类、涂刷遍数符合设计要求，附着良好，无脱皮、起泡和漏涂，漆膜厚度均匀，色泽一致，无流淌和污染现象。

④分、集水器安装位置的允许偏差值为：坐标 15mm，标高 5mm。

⑤分、集水器保温厚度的允许偏差为：$+0.1\delta$ 、-0.05δ（δ 为保温层厚度）。

⑥分、集水器保温表面平整度允许偏差为：卷材 5mm，涂抹 10mm。

（四）喷淋室安装

1. 喷淋排管安装工艺

在加工管路时，要对喷淋室的内部尺寸进行实测。按图纸要求，结合现场实际进行加工制作和装配。主管与立管采用丝接，支管的一端与立管采用焊接连接，另一端安装喷嘴（丝接）。支管间距要均匀。每根立管上至少有 2 个立管卡固定。喷水系统安装完毕，在安设喷嘴前先把水池清扫干净，再开动水泵冲洗管路，清除管内杂质，然后拧上喷嘴。要注意喷口方向与设计要求的顺喷或逆喷方向相一致。喷嘴在同一面上呈梅花形排列。

2. 挡水板安装工艺

挡水板常用 0. 75~1. 0m 厚的镀锌钢板制作，也可用 3~5mm 厚的玻璃板或硬质塑料板制作，安装时要注意以下几点。

①应与土建施工配合，在空调室侧壁上预埋钢板。

②将挡水板的槽钢支座、连接支撑角钢的短角钢和侧壁上的角钢框，焊接在空调室侧壁上的预埋钢板上。

③将两端的两块挡水板用螺栓固定在侧壁上的角钢框上，再将一边的支撑角钢用螺栓连接在短角钢上。

④先将挡水板放在槽钢支座上，再将另一边的支撑角钢用螺栓连接在侧壁上的短角钢上，然后用连接压板将挡水板边压住，用螺栓固定在支撑角钢上。

⑤挡水板应保持垂直。挡水板之间的距离应符合设计要求，两侧边框应用浸铅油的麻丝填塞，防止漏水。

（五）消声器安装

在通风空调系统中，消声器一般安装在风机出口水平总风管上，用以降低风机产生的空气动力噪声，也有将消声器安装在各个送风口前的弯头内，用来阻止或降低噪声由风管内向空调房间传播。消声器的结构及种类有多种，但其安装操作的要点有如下几点。

①消声器在运输和吊装过程中，应力求避免振动，防止消声器变形，影响消声性能。尤其对填充消声多孔材料的阻抗式消声器，应防止由于振动而损坏填充材料，降低消声器效果。

②消声器在安装时应单独设支架，使风管不承受其重量。

③消声器支架的横担板穿吊杆的螺孔距离应比消声器宽 40~50mm，为便于调节标高，可在吊杆端部套 50~80mm 的丝扣，以便找平、找正用，并加双螺母固定。

④消声器的安装方向必须正确，与风管或管线的法兰连接应牢固、严密。

⑤当通风空调系统有恒温、恒湿要求时，消声器设备外壳应与风管同样做保温处理。

⑥消声器安装就绪后，可用拉线或吊线的方法进行检查，对不符合要求的应进行修整，直到满足设计和使用要求。

消声器尽量安装于靠近使用房间的部位，如必须安装在机房内，则应对消声器外壳及消声器之后位于机房内的部分风管采取隔声处理。当系统为恒温系统时，则消声器外壳应与风管同样做保温处理。

（六）通风机安装

1. 轴流风机安装工艺

轴流风机大多安装在风管中间，装于墙洞内或单独支架上。空气处理室也有选用大型（12 号以上）轴流风机做回风机用的。

①风管中安装轴流风机。其安装方法与在单独支架上安装相同。支架应按设计图纸要求位置和标高安装，支架螺孔尺寸应与风机底座螺孔尺寸相符。支架安装牢固后，再把孔机吊放在支架上，支架与底座间垫上厚度为 4~5mm 的橡胶板，穿上螺栓，找正、

找平后，上紧螺母。连接风管时，风管中心应与风机中心对正。为检查和接线方便，应设检查孔。

②墙洞内安装轴流风机。安装前，应在土建施工时，配合土建方留好预留孔，并预埋挡板框和支架。安装时，把风机放在支架上，上紧底脚螺栓的螺母，连接好挡板，在外墙侧应装上45°防雨防雪弯头。

A. 通风机混凝土基础浇注或型钢支架的安装，应在底座上穿入地脚螺栓，并将风机连同底座一起吊装在基础上。

B. 通风机的开箱检查。

C. 机组的吊装、校正、找平。调整底座的位置，使底座和基础的纵、横中心线相吻合；用水平尺检查通风机的底座放置是否水平，不水平时，可用平垫片和斜垫片进行水平度的调整。

D. 地脚螺栓的二次浇灌或型钢支架的初紧固。对地脚螺栓可进行二次浇灌；约养护两周后，当二次浇灌的混凝土强度达到设计强度的75%时，再次复测通风机的水平度并进行调整，并用手扳动通风机轮轴，检查有无剐蹭现象。

E. 复测机组安装的中心偏差、水平度和联轴器的轴向偏差、径向偏差等是否满足要求。

F. 机组进行试运行。

2. 安装时的注意事项

①在安装通风机之前应再次核对通风机的型号、叶轮的旋转方向、传动方式、进出口位置等。

②检查通风机的外壳和叶轮是否有锈蚀、凹陷和其他缺陷。有缺陷的通风机不能进行安装，外观有轻度损伤和锈蚀的通风机，应进行修复后方能安装。

（七）除尘器安装

除尘器按作用原理可分为机械式除尘器、过滤式除尘器、洗涤式除尘器及电除尘器等类型，但其安装的一般要求是：安装的除尘器应保证位置正确、牢固、平稳，进出口方向、垂直度与水平度等必须符合设计要求；除尘器的排灰阀、卸料阀、排泥阀的安装必须严密，并便于日后操作和维修。此外，根据不同类型除尘器的结构特点，在安装时还应注意如下操作要点。

1. 机械式除尘器

①组装时，除尘器各部分的相对位置和尺寸应准确，各法兰的连接处应垫石棉垫片，

并拧紧螺栓。

②除尘器与风管的连接必须严密不漏风。

③除尘器安装后，在联动试车时应考核其气密性，如有局部渗漏应进行修补。

2. 过滤式除尘器

①各部件的连接必须严密。

②布袋应松紧适度，接头处应牢固。

③安装的振打或脉冲式吹刷系统，应动作正常、可靠。

3. 洗涤式除尘器

①对于水浴式、水膜式除尘器，其本体的安装应确保液位系统的准确。

②对于喷淋式的洗涤器、喷淋装置的安装，应使喷淋均匀、无死角，保证除尘效率。

4. 电除尘器

①清灰装置动作灵活、可靠，不能与周围其他部件相碰。

②不属于电晕部分的外壳、安全网等，均有可靠的接地。

③电除尘器的外壳应做保温层。

（八）风机盘管和诱导器安装

所采用的风机盘管、诱导器设备应具有出厂合格证和质量鉴定文件，风机盘管、诱导器设备的结构形式、安装形式、出口方向、进水位置应符合设计安装要求。设备安装所使用的主要材料和辅助材料规格、型号应符合设计规定，并具有出厂合格证。

安装注意事项如下。

①土建施工时即搞好配合，按设计位置预留孔洞。待建筑结构工程施工完毕，屋顶做完防水层，室内墙面、地面抹完，再检查安装的位置尺寸是否符合设计要求。

②空调系统干管安装完后，检查接往风机盘管的支管预留管口位置标高是否符合要求。

③风机盘管在安装前应检查每台电机壳体及表面交换器有无损伤、锈蚀等缺陷。

④风机盘管和诱导器应逐台进行水压试验，试验强度应为工作压力的 1.5 倍，定压后观察 2~3min，不渗、不漏为合格。

⑤卧式吊装风机盘管和诱导器，吊装应平整、牢固、位置正确。吊杆不应自由摆动，吊杆与托盘相连外应用双螺母紧固找平整。

⑥冷热媒水管与风机盘管、诱导器连接宜采用钢管或紫铜管，接管应平直。紧固时，应用扳手卡住六方接头，以防损坏铜管。凝结水管宜软性连接，材质宜用透明胶管，严禁

渗漏，坡度应正确，凝结水应畅通地流到指定位置，水盘应无积水现象。

⑦风机盘管、诱导器的冷热媒管道，应在管道系统冲洗排污后再连接，以防堵塞热交换器。

⑧暗装的卧式风机盘管、吊顶应留有活动检查门，便于机组能整体拆卸和维修。

⑨风机盘管、诱导器安装必须平稳、牢固，风口要连接严密、不漏风。

⑩风机盘管、诱导器与进出水管的连接严禁渗漏，凝结水管的坡度必须符合排水要求，与风口及回风口的连接必须严密。

⑪风机盘管和诱导器运至现场后要采取措施，妥善保管，码放整齐，应有防雨、防雪措施。冬季施工时，风机盘管水压试验后必须随即将水排放干净，以防冻坏设备。

⑫风机盘管、诱导器安装施工要随运随装，与其他工种交叉作业时要注意成品保护，防止碰坏。

⑬立式暗装风机盘管安装完后要配合好土建方安装保护罩。屋面喷浆前要采取防护措施保护已安装好的设备，保持清洁。

（九）空调机组安装

安装前首先要检查机组外部是否完整无损。然后打开活动面板，用手转动风机，细听内部有无摩擦声。如有异声，可调节转子部分，使其和外壳不碰为止。

1. 立式、卧式、柜式空调机组安装工艺

①一般不需要专用地基，安放在平整的地面上即可运转。若四角垫以 20mm 厚的橡胶垫，则更好。

②冷热媒流动方向，卧式机组采用下进上出，立式机组采用上进下出。冷凝水用排水管应接 U 形存水弯后通下水道排泄。

③机组安装的场所应有良好的通风条件，无易爆、易燃物品，相对湿度不应大通空调施工安装工老于 85%。

④与空调机连接的进出水管必须装有阀门，用以调节流量和检修时切断冷（热）水源，进出水管必须做好保温。

2. 窗式空调器的安装工艺

①窗式空调器一般安装在窗户上，也可以采用穿墙安装。其安装必须牢固。

②安装位置不要受阳光直射，要通风良好，远离热源，且排水（凝结水）顺利。安装高度以 1.5m 左右为宜，若空调器的后部（室外侧）有墙或其他障碍物，其间距必须大于 1m。

③空调器室外侧可设遮阳防雨棚罩，但绝不允许用铁皮等物将室外侧遮盖，否则因空调器散热受阻而使室内无冷气。

④空调器的送风、回风百叶口不能受阻，气流要保持通畅。

⑤空调器必须将室外侧装在室外，而不允许在内窗上安装，室外侧也不允在楼道或走廊内安装。

⑥空调器凝结水盘要有坡度，室外排水管路要畅通，以利排水。

⑦空调器搬运和安装时，不要倾斜 30°，以防冷冻油进入制冷系统内。

参考文献

[1] 刘秋新．绿色建筑及可再生能源新技术［M］．北京：化学工业出版社，2023.

[2] 李响，桑春秀，王桂珍．建筑工程与暖通技术应用［M］．长春：吉林科学技术出版社，2022.

[3] 王智忠．建筑给排水及暖通施工图设计常见错误解析［M］．合肥：安徽科学技术出版社，2022.

[4] 刘亚南，肖益民．地下建筑热压通风的多态性探究［M］．北京：中国建筑工业出版社，2022.

[5] 赵靖，朱能．建筑环境与能源工程技术标准概论［M］．天津：天津大学出版社，2022.

[6] 平良帆，吴根平，杜艳斌．建筑暖通空调及给排水设计研究［M］．长春：吉林科学技术出版社，2021.

[7] 连之伟．民用建筑暖通空调设计室内外计算参数导则［M］．上海：上海科学技术出版社，2021.

[8] 南北．智慧城市中绿色建筑与暖通空调设计分析［M］．北京：北京工业大学出版社，2021.

[9] 张承虎，刘京．暖通燃气学科发展历史与学风传承［M］．哈尔滨：哈尔滨工业大学出版社，2021.

[10] 邵璟璟．建筑环境与能源应用工程专业英语［M］．武汉：华中科技大学出版社，2021.

[11] 史洁，徐桓．暖通空调设计实践［M］．上海：同济大学出版社，2021.

[12] 卢军，何天祺．供暖通风与空气调节［M］．4 版．重庆：重庆大学出版社，2021.

[13] 王亮．建筑施工技术与暖通工程［M］．长春：吉林科学技术出版社，2020.

[14] 刘炳强，王连兴，刁春峰．建筑结构设计与暖通工程研究［M］．长春：吉林科学技术出版社，2020.

［15］周震，王奎之，秦强．暖通空调设计与技术应用研究［M］．北京：北京工业大学出版社，2020.
［16］张华伟．暖通空调节能技术研究［M］．北京：新华出版社，2020.
［17］王子云．暖通空调技术［M］．北京：科学出版社，2020.
［18］曹洁，苏小明．建筑暖通工程设计与实例［M］．合肥：安徽科学技术出版社，2018.
［19］李子骏．高层建筑暖通空调设计研究［J］．房地产导刊，2023（14）：103－104，107.
［20］樊志霞．建筑暖通设计的协调性研究［J］．建材发展导向，2023（10）：53－55.
［21］郭旗．建筑暖通施工技术要点研究［J］．建筑与装饰，2023（5）：145－147.
［22］王跃华. 建筑暖通空调安装施工技术研究［J］．建材与装饰，2023（27）. 14－16
［23］支莎莎，霍雨薇，李树林．绿色节能理念下建筑暖通设计的改善［J］．中国房地产业，2023（22）：52－55.
［24］黄聪．绿色建筑暖通和给排水的节能设计研究［J］．中国房地产业，2023（22）：64－67.
［25］刘塘斌．绿色建筑暖通设计存在的问题与对策浅析［J］．中国设备工程，2023（19）：247－249.
［26］曹湃．浅谈公共建筑暖通空调系统节能设计措施［J］．房地产导刊，2023（15）：124－125，129.
［27］宋吉晓．实现绿色建筑暖通空调设计的技术措施［J］．科海故事博览，2023（15）：103－105.
［28］杜国权．建筑暖通空调安装施工技术问题思考［J］．建筑与装饰，2023（14）：155－157.
［29］金海霞．建筑暖通工程施工要点及质量控制措施［J］．中国建筑装饰装修，2023（14）：137－139.
［30］李伟．民用建筑暖通空调系统节能设计措施研究［J］．房地产导刊，2023（14）：162－163，166.